BestMasters

Mit „BestMasters" zeichnet Springer die besten Masterarbeiten aus, die an renommierten Hochschulen in Deutschland, Österreich und der Schweiz entstanden sind. Die mit Höchstnote ausgezeichneten Arbeiten wurden durch Gutachter zur Veröffentlichung empfohlen und behandeln aktuelle Themen aus unterschiedlichen Fachgebieten der Naturwissenschaften, Psychologie, Technik und Wirtschaftswissenschaften.

Die Reihe wendet sich an Praktiker und Wissenschaftler gleichermaßen und soll insbesondere auch Nachwuchswissenschaftlern Orientierung geben.

Meik Kunz

Modellierung und Simulation von Protein-Interaktionen am Beispiel von Wirts-Pathogen-Interaktionen

 Springer Spektrum

Meik Kunz
Würzburg, Deutschland

OnlinePlus Material zu diesem Buch finden Sie auf
http://www.springer.com/978-3-658-16778-3

BestMasters
ISBN 978-3-658-16777-6   ISBN 978-3-658-16778-3   (eBook)
DOI 10.1007/978-3-658-16778-3

Die Deutsche Nationalbibliothek verzeichnet diese Publikation in der Deutschen National-
bibliografie; detaillierte bibliografische Daten sind im Internet über http://dnb.d-nb.de abrufbar.

Springer Spektrum
© Springer Fachmedien Wiesbaden GmbH 2017

Gedruckt auf säurefreiem und chlorfrei gebleichtem Papier

Springer Spektrum ist Teil von Springer Nature
Die eingetragene Gesellschaft ist Springer Fachmedien Wiesbaden GmbH
Die Anschrift der Gesellschaft ist: Abraham-Lincoln-Str. 46, 65189 Wiesbaden, Germany

Lehrstuhlprofil

Der Lehrstuhl für Bioinformatik unter Leitung von Prof. Dr. Thomas Dandekar ist ein interdisziplinär ausgerichteter Lehrstuhl an der Universität Würzburg. Das Hauptaugenmerk liegt in der Analyse großer Datensätze (Genomik, Transkriptomik, Proteomik, Metabolomik) zur Erforschung zellulärer Netzwerke, z.B. bei Infektions- oder aber Krebserkrankungen. Die Verwendung verschiedenster bioinformatischer Analysemethoden sollen hierbei neue Einblicke in die komplexen Zusammenhänge zellulärer Komponenten geben.

Prof. Dr. Thomas Dandekar verfügt über eine langjährige Erfahrung in der funktionellen Genomik und hat u.a. an der Entwicklung zahlreicher bioinformatischer Programme zur Analyse regulatorischer RNA und Proteinen mitgewirkt, etwa zur RNA Analyse der RNA Analyzer und Riboswitch Finder und für Proteinanalysen der AnDOM Server. Wichtige Datenbanken am Lehrstuhl sind z.B. die SMART-Datenbank (Proteindomänen), die Go-Synthetic-Datenbank (Experimente in der synthetischen Biologie und Netzwerkanalysen) und die ITS2-Datenbank (Stammbaumwerkzeug für Eukaryoten).

Ein weiterer Schwerpunkt der Forschung liegt zusätzlich in der Entwicklung neuer Algorithmen und Techniken zur Analyse zellulärer Netzwerke, z.B. wurden zur Modellierung und Berechnung metabolischer Netzwerke YANA (für Stoffwechselwege), YANAsquare (für Fluxstärken) und YANAvergence (für Fluxänderungen/-regulation) oder aber für regulatorische Netzwerke InGeno (Genomanalyse), GENOVA (Molekularbiologie-Design), JANE (Transkriptomanalye unbekannter Genome) und Jimena (Netzwerkkontrolle und dynamische Modellierung) entwickelt.

Neuere Arbeiten beschäftigen sich u.a. mit Metabolismus und Regulation (Cecil et al. 2011, Genome biology; Cecil et al. 2015, Int J Med Microbiol.), Infektionsbiologie (Winstel et al. 2013, Nat Commun.), Immunabwehr bei Pflanzen (Naseem et al. 2014, Bioinform Biol Insights.), miRNAs (Kunz et al. 2014, J Mol Cell Cardiol.), Signalnetzwerken bei Differenzierung und Krebs (Karl und Dandekar 2015, Sci Rep.; Stratmann et al. 2014, Mol Oncol.) sowie neue emergente Chiptechnologien (Dandekar 2015, Emerging Technologies Competition, London). Wir arbeiten in diesem Zusammenhang mit nationalen und internationalen Arbeitsgruppen zusammen, z.b. in einem Transregio über Staphylokokken (TRR34) und Pilzinfektionen (TR124, FungiNet), einem IZKF-Projekt über Krebs (BD-247), einem Sonderforschungsbereich über Herz- und Kreislauferkrankungen (SFB688) und einem EU-Projekt über neue Pilzantibiotika (AspMetNet).

Die am Lehrstuhl für Bioinformatik entwickelten Forschungsergebnisse sollen zu einem besseren Verständnis zellulären Funktionen beitragen und so eine bessere Vernetzung von Grundlagenforschung, Biotechnologie (Pflanzen, Proteindesign) und klinischer Anwendung (Krebs, Stammzellen, Kreislauf) ermöglichen.

Danksagung

Ich möchte mich sehr herzlich bei Herrn Prof. Dr. Thomas Dandekar für die intensive Betreuung dieser Master-Thesis bedanken. An dieser Stelle möchte ich mich vor allem besonders für die herausragende Unterstützung während meines Studiums bedanken sowie die wunderbare Möglichkeit und Chance, dass ich mich in verschiedenste Themengebiete einarbeiten und so vielfältige Blickweisen und Arbeitstechniken erlernen konnte.

Bei Herrn Prof. Dr. Markus Engstler möchte ich mich ebenfalls herzlich für die Aufgabe als Zweitgutachter und die Unterstützung bedanken.

Auch bedanke ich mich bei meinem Bruder Danilo für das Korrekturlesen dieser Arbeit und die sehr hilfreichen Tipps und Ratschläge.

Der Arbeitsgruppe von Prof. Dr. Dandekar danke ich ebenfalls. Insbesondere bedanke ich mich hierbei bei Liang und Naseem für die Zusammenarbeit und die nützlichen Gespräche.

Meinen Eltern danke ich besonders herzlich für die mir entgegengebrachte Unterstützung und Ermöglichung meines Studiums.

Mein besonderer Dank gilt auch meiner Freundin Petra für Ihre entgegengebrachte Unterstützung und Geduld, was in diesem Umfang nicht selbstverständlich ist!

"I am a firm believer, that without speculation there is no good & original observation."

Charles Darwin: Letter to A. R. Wallace, 22 December 1857. In F. Burkhardt and S. Smith (eds.), The Correspondence of Charles Darwin 1844-1846 (1987), Vol. 6, 514.

Inhaltsverzeichnis

Weiteres Material kann auf der Produktseite des Buches unter www.springer.com heruntergeladen werden. Dieser Download ist kostenlos verfügbar.

Abkürzungsverzeichnis

ABA	Abscisic acid (deutsch: Abscisinsäure)
Abb.	Abbildung
A. thaliana	*Arabidopsis thaliana*
AUX	Auxin
bzw.	beziehungsweise
CK	Cytokinin
COG/KOGs	Clusters of Orthologous Groups / Eukaryotic Orthologous Groups
DB	Datenbank
DNA	Desoxyribonukleinsäure(-acid)
ET	Ethylen
GA	Gibberellic acid (deutsch: Gibberellinsäure)
Hpa NoCo2	*Hyaloperonospora arabidopsidis* isolate NoCo2
JA	Jasmonic acid (deutsch: Jasmonsäure)
P-I	Protein-Interaktionen
PR1	Pathogenesis related protein 1
Pst DC 3000	*Pseudomonas syringae* pv. *tomato DC 3000*
SA	Salicylic acid (deutsch: Salicylsäure)
Tab.	Tabelle
TF	Transkriptionsfaktor
W-P-I	Wirts-Pathogen-Interaktionen
z.B.	zum Beispiel

Abbildungsverzeichnis

Tabellenverzeichnis

Zusammenfassung

Die Bedeutung der Abwehrhormone Salicylsäure (SA), Jasmonsäure (JA) und Ethylen (ET) sowie deren Zusammenhang zu den Wachstumshormonen Auxin (AUX), Gibberellinsäure (GA) und Abscisinsäure (ABA) für das pflanzliche Immunsystem ist bereits umfassend bekannt. Ein erst in neuerer Zeit stärker gewürdigtes Hormon in der pflanzlichen Immunabwehr ist Cytokinin (CK). Dieses pflanzliche Hormon spielt grundlegend eine bedeutende Rolle in der Regulierung zahlreicher biologischer Prozesse für Wachstum und Entwicklung.

Ein Ziel dieser Arbeit lag darin, die Interaktion zwischen CK und AUX und deren Zusammenhang auf die pflanzliche Abwehr näher zu untersuchen. Mithilfe verschiedener Interaktom-Datenbanken und Literaturrecherche wurde hierzu speziell für eine Infektion von *A. thaliana* mit dem Pathogen *Pseudomonas syringae* pv. *tomato* DC 3000 (*Pst* DC 3000) ein integriertes Wirts-Pathogen-Netzwerk erstellt. Die Komponenten sind dabei über Knoten und Kanten verbunden, was so die funktionelle Beziehung der beteiligten Wirts-Pathogen-Interaktionen darstellt. Der Einfluss der Interaktion von CK und AUX auf das Immunsystem wurde anschließend anhand einer *in silico*-Simulation bestimmt. Hierzu wurde das Wirts-Pathogen-Netzwerk in ein Boolesches Modell konvertiert, wobei die Aktivierung von *Pst* DC 3000 allein oder mit CK und AUX als Input-Stimuli und PR1 (Pathogenesis related protein 1), einem Marker der Immunabwehr, als Reaktion des Systems auf einen entsprechenden Input gewählt wurde. Die dynamischen Simulationen haben ergeben, dass CK die PR1-Aktivität nach einer Infektion mit *Pst* DC 3000 steigert, AUX diese hingegen erniedrigt. Interessanterweise führte eine doppelt so hohe Aktivierung von CK gegenüber AUX zu einer ähnlichen PR1-Aktivität wie bei einer normalen Infektion ohne Aktivierung von CK und AUX. Demgegenüber hatte eine doppelt so hohe Aktivierung von AUX gegenüber CK eine geringere PR1-Aktivität zur Folge, welche aber dennoch über der PR1-Aktivität bei alleiniger Aktivierung von *Pst* DC 3000 + AUX lag. Bei gleich starker Aktivierung von *Pst* DC 3000, CK und AUX lag die PR1-Aktivität zwischen dem Level der Aktivierung von *Pst* DC 3000 + AUX und *Pst* DC 3000 + CK. Anhand der Ergebnisse der *in silico*-Simulation lässt sich eine antagonistische Interaktion zwischen CK und AUX mit einem gegensätzlichen Effekt auf die pflanzliche Immunabwehr schlussfolgern.

Die Ergebnisse der *in silico*-Simulation sind bereits unter dem Titel "Integration of boolean models on hormonal interactions and prospects of cytokinin-auxin crosstalk in plant immunity." (M. Naseem, M. Kunz, N. Ahmed and T. Dandekar) bei Plant Signaling & Behavior erschienen.

Der kombinierte Einsatz von Hochdurchsatz-Experimenten und bioinformatischen Analysen hat maßgeblich zur Aufklärung wichtiger zellulärer Komponenten sowie unbekannter biologischer Phänomene auf dem Gebiet der Pflanzenbiologie beigetragen. So konnten neueste Studien aufzeigen, dass CKe an der Modulation von Signalwegen beteiligt sind, welche unter der Kontrolle von SA und JA stehen, weshalb sie zu einer Steigerung der pflanzlichen Resistenz beitragen können. Auf der anderen Seite haben Pathogene diverse Strategien zur Modulation stark vernetzter und zentraler Knoten eines Netzwerks, sogenannte wichtige funktionelle Hubs, entwickelt, um so die Anfälligkeit des Wirts gegenüber Infektionen zu erhöhen.

In einem weiteren Teil der Arbeit wurden Transkriptom-Interaktom-Analysen mit dem Ziel durchgeführt, zentrale Netzwerkknoten einer CK-vermittelten Immunabwehr zu identifizieren. Hierzu wurden signifikant unterschiedlich exprimierte Gene auf das gesamte Interaktom von *A. thaliana* gemappt und anschließend auf ihre biologischen Funktionen hin untersucht. Immunfunktionen und korrespondierende Gene dienten als Grundlage für die Konstruktion eines Immunnetzwerkes, welches anschließend topologisch analysiert und unter Nutzung verschiedener Kriterien jeweils zur Detektion von zehn zentralen Knoten verwendet wurde. Die Analysen an einem Datensatz einer exogenen *trans*-Zeatin Applikation sowie einer Sextuplet A-type ARR-Mutante (*arr3,4,5,6,8,9*), infiziert mit dem Pathogen *Hyaloperonospora arabidopsidis* isolate NoCo2 (*Hpa* NoCo2), konnten aufzeigen, dass CK wichtige zentrale Netzwerkknoten für die pflanzliche Abwehr gegenüber Infektionen reguliert und eine SA-vermittelte Resistenz fördert. Diese identifizierten zentralen Knoten sind an der Expression wichtiger Gene für die Immunabwehr beteiligt und spielen zudem eine wesentliche Rolle in der Biosynthese von Komponenten sowohl als Reaktion auf eine Infektion als auch direkt für den SA- und JA-Signalweg. Weiterhin lassen die detektierten zentralen Knoten eine Interaktion von CK mit dem JA-Signalweg erkennen. Der Charakterisierung dieser bislang unbekannten Interaktion sollten sich demzufolge künftige Untersuchungen anschließen, um so weitere Einblicke in die Regulation der pflanzlichen Immunabwehr und der Möglichkeiten einer CK-vermittelten Steigerung der Resistenz zu erhalten.

Die Ergebnisse der durchgeführten Transkriptom-Interaktom-Analysen sind bereits unter dem Titel "Probing the unknowns in cytokinin-mediated immune defense in *Arabidopsis* with systems biology approaches." (M. Naseem[§], M. Kunz[§] and T. Dandekar; [§] Equal contribution) bei Bioinformatics and Biology Insights erschienen.

Die Entwicklung einer für den Forschungsalltag zugeschnittenen Datenbank zur Untersuchung und Analyse eines Pharmakons diente als Umrahmung für die vorliegende Arbeit. Die Datenbank wurde speziell entwickelt, um dem Nutzer einen schnellen Überblick über alle notwendigen Informationen zu einem Pharmakon sowie seinem Target inklusive resultierender Interaktionen bereitzustellen. Als Ergebnis ist hierzu die DrugPoint Database entstanden, welche über 1.383 FDA-zugelassene Medikamente, 4.951 Targets sowie deren Protein-Interaktionen und zugehörige 4.078 orthologen Gruppen (gruppiert in 993 COG/KOGs mit über 21.120 orthologen Genen in 67 verschiedenen Organismen) verfügt. Der Nutzer kann hierbei in fünf Kategorien nach Indikation, krankheitsauslösendem Pathogen, Name des Pharmakons, chemischen Strukturcode (SMILES-Annotation) und einem Target suchen. Kombinierte Suchanfragen mit mehreren Begriffen in einer sowie in mehreren Kategorien ermöglichen dem Nutzer zudem eine spezialisierte Suchanfrage und Reduktion der Suchergebnisse.

Neben chemischen und biologischen Eigenschaften eines Pharmakons und dessen Interaktionen wurde jedes Target auf seine orthologen Gruppen hin untersucht. Der Nutzer kann sich hierdurch über individuelle Protein-Interaktionen, aber auch ganze regulatorische Netzwerke sowie potentielle Targets in anderen Organismen informieren. DrugPoint Database beherbergt zusätzlich verschiedene Datenbanken, etwa über Protein-Interaktionen, und bietet durch Links zahlreiche Optionen für eine individuelle weiterführende Analyse, z.B. nach katalytischen und konservierten Proteindomänen. Weitere Besonderheiten, z.B. automatische Wortvervollständigung und Beispiele für jede Suchkategorie, komplettieren zudem den nutzerfreundlichen Charakter der Datenbank.

Abstract

The importance of the plant defense hormones salicylic acid (SA), jasmonic acid (JA) and ethylen (ET) as well as their connection to the growth regulators auxin (AUX), gibberellic acid (GA) and abscisic acid (ABA) in plant immune system has already been established. A recently more appreciated hormone in the field of plant defense is cytokinin (CK). This plant hormone plays an essentially important role in the regulation of numerous biological processes for growth and development.

One aim of this thesis was to explore the interaction between CK and AUX and their connection in plant defense more closely. Specifically for an infection by *Pseudomonas syringae* pv. *tomato* DC 3000 (*Pst* DC 3000) in *A. thaliana* an integrate host-pathogen-network was prepared by using different interactome databases as well as literature research. Components are connected through Nodes and Edges which represent functional associations among the host-pathogen-interaction. The impact of interaction between CK and AUX in plant immune system was subsequently analyzed by applying *in silico* simulations. Therefore, the host-pathogen-network was converted into a Boolean model whereas the activation of *Pst* DC 3000 with and without CK and AUX are designated as input stimuli and PR1 (Pathogenesis related protein 1), a marker of plant defense is taken as response of the system as a consequence of the input. According to the dynamical simulation, CK increases the activation of PR1 after infection with *Pst* DC 3000 whereas AUX decreases this activation. Interestingly, full activation of CK and partial activation of AUX leads to a similar activation of PR1 in comparison to a normal infection without activation of CK and AUX. In contrast, full activation of AUX and partial activation of CK results in a decrease activation of PR1, which is also higher in comparison to the activation of *Pst* DC 3000 + AUX. The equal activation level of *Pst* DC 3000, CK and AUX leads to an intermediate level of activation of PR1 to that of *Pst* DC 3000 + AUX and *Pst* DC 3000 + CK. Based on the results of the *in silico* simulation an antagonistic interaction between CK and AUX with mutual effects on plant defense can be concluded.

The results of these *in silico* simulations have already been published under the title "Integration of boolean models on hormonal interactions and prospects of cytokinin-auxin crosstalk in plant immunity." (M. Naseem, M. Kunz, N. Ahmed and T. Dandekar) in Plant Signaling & Behavior.

The combined use of high throuput experiments and bioinformatics analysis have contributed significantly to the field of plant biology in elucidating important cellular components as well as unknown aspects of biological phenomena. Thus, recent studies demonstrated that CKs modulate signalling pathways, which are controlled by SA and JA, and therefore can contribute to an increase in plant resistance. On the other hand, pathogens have evolved diverse strategies for modulation of well connected and central nodes in a network, so-called important functional hubs, to increase host susceptibility for infections.

In a further part of the thesis transcriptome interactome analyses were carried out with the aim to identify functional hubs for CK-mediated immune defense. For this purpose, significantly different expressed genes were mapped to the entire *A. thaliana* interactome and then examined for their biological functions. Immune functions and their corresponding genes were used as basis for the construction of an immune network. The network's topology was next analyzed and by using different criteria ten functional hubs were detected. The analysis of a dataset regarding the exogenous application of *trans*-Zeatin, as well as a sextuplet A-type ARR mutant (*arr3,4,5,6,8,9*) treated with the pathogen *Hyaloperonospora arabidopsidis* isolate NoCo2 (*Hpa* NoCo2), have shown that CK regulates important hubs for plant defense against infections and promotes SA-mediated resistance. The identified hubs are involved in the expression of important genes for immune defense and play also an important role in the biosynthesis of both components in response to infections as well as directly to the SA- and JA-pathways. Furthermore, the detected functional hubs recognize an interaction of CK with the JA-pathway. The characterization of this previously unknown interaction should therefore follow future investigations in order to obtain further insights into the regulation of plant immune defense and the opportunity of CK-mediated increase in resistance.

24

The results of these transcriptome interactome analyses have already been published under the title "Probing the unknowns in cytokinin-mediated immune defense in *Arabidopsis* with systems biology approaches." (M. Naseem[§], M. Kunz[§] and T. Dandekar; § Equal contribution) in Bioinformatics and Biology Insights.

The development of a tailored database for daily research to investigate and analyze drugs served as framing for the present thesis. The database has been specially designed to provide users a fast overview of all important information on a drug and its target including resulting interactions. As a result the DrugPoint database has been created, which consists of 1,383 FDA-approved Drugs, 4,951 Targets and their protein interactions and corresponding 4,078 ortholog groups (clustered into 993 COG/KOGs with 21,120 ortholog genes in 67 different organisms). Here, users can search in five categories by indication, disease causing pathogen, drug name, chemical structure code (SMILES annotation) and drug target. A combined search with multiple terms in one or more categories enables users to specify their search as well as a reduction of search results. Besides chemical and biological properties on a drug and their interactions each drug target was investigated for its ortholog groups. Thus, users can inform about individual protein interactions, entire regulatory pathways as well as potential targets in other organisms. DrugPoint database warehouses various additional databases, approximately over protein interactions and provides numerous options for further individual analysis accessible by links, e.g. for catalytic and conserved protein domains. Further features, e.g. auto-completion and demo versions, furthermore complete the user-friendly character of the database.

1 Einleitung

Die Sicherung von Nahrung ist ein immer bedeutender werdendes Problem, mit welchem die wachsende menschliche Gesellschaft konfrontiert ist (FAO. http://www.fao.org/publications/sofi/en/). Naturkatastrophen verändern die soziodemografische Dynamik der ländlichen Bevölkerung erheblich und zeigen eine Wirkung auf den Ackerbau (Hansen, Sato et al. 2012). Kulturpflanzen werden nicht nur durch die globale Erwärmung und extreme Umweltbedingungen bedroht, sondern auch zunehmend durch Pathogene und Insekten. Der Einfluss von Abwehrhormonen, z.B. Salicylsäure (SA), Jasmonsäure (JA) und Ethylen (ET), sowie Wachstumsregulatoren, z.B. Auxin (AUX), Gibberellinsäure (GA) und Abscisinsäure (ABA), auf die pflanzliche Immunität wurde bereits umfassend untersucht. Ein erst in neuerer Zeit stärker gewürdigtes Hormon in der pflanzlichen Immunabwehr ist Cytokinin (CK). Dieses pflanzliche Hormon ist an der Modulation von Signalwegen (auch als Signalnetzwerke oder Signalkaskaden bezeichnet) beteiligt, welche durch SA und JA kontrolliert werden, und kann so die Resistenz gegenüber Pathogenen und Herbivoren fördern.

Bioinformatische und systembiologische Analysen eignen sich besonders, um Wirts-Pathogen-Interaktionen (W-P-I) zu untersuchen. So haben in den letzten Jahren Postgenomikstudien zur Identifizierung von Informationen über wechselwirkende Komponenten pflanzlicher W-P-I (Schneider and Collmer 2010) als auch systembiologische Ansätze zur Detektion zentraler Netzwerkknoten des pflanzlichen Immunsystems, sogenannte funktionelle Hubs (Mukhtar, Carvunis et al. 2011), beigetragen. Auch konnten kombinierte Analysen experimenteller Daten mit bioinformatischen Modellen einen positiven Effekt von CK auf die pflanzliche Abwehr und einen möglichen Antagonismus zwischen AUX und CK aufzeigen (Naseem, Philippi et al. 2012, Naseem and Dandekar 2012). Dies deutet auf eine vielfältige Beeinflussung von CK auf das pflanzliche Immunsystem hin, wobei die zugrundeliegenden Mechanismen jedoch weitgehend unbekannt sind.

Diese Arbeit beschäftigt sich mit dem Einfluss von CK auf das pflanzliche Immunsystem der Modellpflanze *Arabidopsis thaliana* (*A. thaliana*). Die durchgeführten Analysen sollen dazu beitragen, die Interaktion von CK und AUX besser zu verstehen, aber auch wichtige zentrale Netzwerkknoten in der CK-vermittelten Immunabwehr zu identifizieren, um so bessere Einblicke in die pflanzliche Abwehr sowie deren Beeinflussung auf W-P-I zu erhalten. Ein weiterer Teil dieser Arbeit beschäftigt sich mit der Erstellung einer Datenbank (DB) zur näheren Untersuchung und Analyse von Protein-Interaktionen (P-I) und zum Auffinden des pharmakologischen Targets, dem Zielprotein eines Medikaments.

1.1 Das pflanzliche Immunsystem am Beispiel *A. thaliana*

Dieser Abschnitt soll einen Überblick über das pflanzliche Immunsystem geben. Der Fokus liegt hierbei vor allem auf den beteiligten Hormon-Interaktionen im Hinblick auf eine Infektion mit *Pseudomonas syringae* pv. *tomato* DC 3000 (*Pst DC 3000*), einem gut untersuchten Pathogen, welches für nekrotische Läsionen in Arabidopsis- und Tomatenpflanzen verantwortlich ist (Thilmony, Underwood et al. 2006) und dem virulenten Pathogen *Hyaloperonospora arabidopsidis* isolate NoCo2 (*Hpa* NoCo2), welches die Mehltau-Krankheit verursacht (Wang, Barnaby et al. 2011). Auf die noch wenig verstandene Rolle von CK in der Immunabwehr sowie dessen Signalübertragung wird ebenfalls eingegangen.

Pflanzen besitzen ein Immunsystem und sind so in der Lage, eine entsprechende Immunreaktion auszulösen. Hierbei unterscheidet man zwischen einer durch Pathogene oder Schaden ausgelösten Immunität (englisch: pathogen triggered immunity, PTI; damage triggered immunity, DTI) (Boller and He 2009, Erb, Meldau et al. 2012), wobei in dieser Arbeit auf letztere Form nicht eingegangen wird. Die häufigste Form der pflanzlichen Immunabwehr gegen Pathogene ist die R-Gen-vermittelte Immunität (Wang, Barnaby et al. 2011). Eine PTI ist hierbei assoziiert mit zahlreichen physiologischen Veränderungen, z.B. einem veränderten Ionenfluss über die Membran, die Bildung von reaktiven Sauerstoffspezies (englisch: Reactive Oxygen Species, ROS) oder die Aktivierung von R-Genen (Jones and Dangl 2006, Zipfel and Robatzek 2010). Während einer Infektion zielen Pathogene meist darauf ab, eine Veränderung des hormonellen Gleichgewichts zu bewirken, z.B. über Effektor-Proteine, um so vom Immunsys-

28

tem des Wirts unbekannt zu bleiben bzw. dieses zu überlisten (Grant and Jones 2009, Gohre and Robatzek 2008). Das dabei entstehende Wechselspiel bezeichnet man auch als W-P-I. Die durch Pathogene injizierten Effektoren werden vom Wirt erkannt, wodurch eine entsprechende Immunreaktion über komplexe zelluläre Signalwege, z.b. mobile zelluläre Rezeptoren oder R-Gene, erfolgt, wobei man hier wiederum von einer Effektor-ausgelösten Immunität (englisch: effector triggered immunity, ETI) spricht (Boller and He 2009, Grant and Jones 2009, Jones and Dangl 2006). Hierbei kommt es zu einer Erhöhung des Abwehrhormons SA (Grant and Jones 2009, Robert-Seilaniantz, Grant et al. 2011), welches die Expression von Pathogenesis related protein 1 (PR1), einem Marker der Immunabwehr, vermittelt (Sano, Seo et al. 1994). Infolge der Immunabwehr kommt es so zum Zelltod und anderen physiologischen Reaktionen, auch genannt als hypersensitive Antwort des Wirts (Lam, Kato et al. 2001). Eine wichtige Rolle in der PTI spielen hierbei Hormone (Naseem, Philippi et al. 2012) und deren komplexe Interaktionen, was im Folgenden am Beispiel einer Infektion mit *Pst* DC 3000 erläutert werden soll (Abb. 1 links).

Eine antagonistische Interaktion zwischen SA und JA/ET stellt das Rückgrat der pflanzlichen Abwehr dar (Verhage, van Wees et al. 2010), wobei SA über *PR1* eine entsprechende Immunabwehr vermittelt (Grant and Jones 2009, Robert-Seilaniantz, Grant et al. 2011, Sano, Seo et al. 1994). Die Wachstumshormone ABA und AUX, letzteres inhibiert seinerseits direkt *PR1* (Kazan and Manners 2009), inhibieren dabei die Wirkung von SA und aktivieren JA, wohingegen das Hormon GA demgegenüber durch Inhibierung von JA über einen Abbau von DELLA-Proteinen eine gegensätzliche Wirkung zeigt (Verhage, van Wees et al. 2010, Grant and Jones 2009, Robert-Seilaniantz, Grant et al. 2011). Eine neue, noch wenig bekannte Schlüsselrolle in der Immunabwehr erfolgt über das Hormon CK, welches mit PR1 und SA interagiert (Choi, Huh et al. 2010, Naseem, Philippi et al. 2012, Jiang, Shimono et al. 2013), wobei dessen Interaktionsmechanismen erst begonnen werden zu verstehen. Auf die Rolle von CK in der pflanzlichen Immunität soll im Folgenden eingegangen werden.

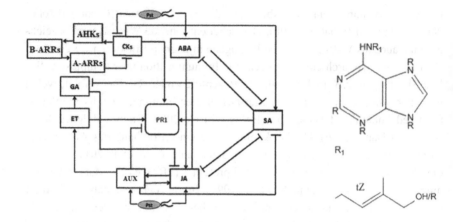

Abbildung 1: Das pflanzliche Immunsystem und die Rolle von CK.

(Links) Hormon-Interaktionen des pflanzlichen Immunsystems nach einer Infektion mit dem Pathogen *Pst* DC 3000. Die antagonistische Interaktion zwischen SA und JA/ET bildet die Grundlage der pflanzlichen Immunabwehr gegenüber Pathogenen. SA vermittelt die Expression von PR1, wodurch es zu einer Immunabwehr nach Infektion mit *Pst* DC 3000 kommt. AUX und ABA inhibieren hierbei die Wirkung von SA und aktivieren JA, wobei GA über Inhibierung von JA einen gegensätzlichen Effekt zeigt. CK aktiviert SA und sorgt so für eine erhöhte Resistenz gegenüber dem Pathogen *Pst* DC 3000. CKe werden durch AHKs (Arabidopsis histidine kinase) erkannt und über ein Zwei-Komponenten-System übertragen. Das entsprechende Phosphorylierungssignal wird vom Rezeptor auf AHPs (Arabidopsis histidine phosphotransfer protein, hier nicht gezeigt) weitergeleitet, wodurch B-type ARRs (Arabidopsis response regulator; positive Regulatoren von CK) phosphoryliert werden, welche wiederum die Expression von A-type ARRs (negative Regulatoren von CK) aktivieren. (Aktivierung (→), Inhibierung (−); verändert nach Naseem M, Kunz M, Ahmed N and Dandekar T: Integration of boolean models on hormonal interactions and prospects of cytokinin-auxin crosstalk in plant immunity. Plant Signaling & Behavior 2013, 8:e23890, Figure 3)

(Rechts) Die Struktur von CK. CKe sind Derivate des Adenins und besitzen wichtige Funktionen für Wachstum und Entwicklung. R_1 charakterisiert hierbei die bestimmende N^6-Seitenkette, wobei es sich um einen isoprenoiden (hier *trans*-Zeatin) oder aliphatischen Rest handeln kann. (verändert nach Spíchal: Cytokinins – recent news and views of evolutionary old molecules. Functional Plant Biology 2012, 39, 267-285, Figure 1)

CKe kontrollieren eine Vielzahl physiologischer Prozesse für Wachstum und Entwicklung in Pflanzen (Spíchal 2012). Diese Pflanzenhormone sind Derivate des Adenins, welche sich funktionell in der Struktur des N^6-Substituenten (R_1) unterscheiden, wobei es sich hierbei entweder um eine isoprenoide (z.b. *trans*-Zeatin) oder aliphatische Seitenkette handelt (Abb. 1 rechts) (Spíchal 2012). Es ist anzumerken, dass an dieser Stelle nicht näher auf die zugrunde liegenden chemischen Grundlagen der Substituenten und der Biosynthese von CK eingegangen wird. Die Signalübertragung von CK erfolgt in *A. thaliana* über ein Zwei-Komponenten-System (Abb. 1 links). Bei der ersten Komponente handelt es sich um membrangebundene Histidin-Kinasen (AHKs), wodurch die Bindung von CK an seine CHASE-Domäne vermittelt wird. Die zweite Komponente stellt einen kernabhängigen Regulator (englisch: nuclear response regulator) dar (B-type ARRs), welcher über ein Histidin-Phospho-Protein (englisch: histidine phospho protein, AHPs) an die AHKs gebunden ist (Hwang, Sheen et al. 2012, Spíchal 2012). B-type ARRs regulieren positiv das Signal von CK und aktivieren zusätzlich die Transkription von A-type ARRs, welche ihrerseits als negative Regulatoren von CK fungieren (Hwang, Sheen et al. 2012, Spíchal 2012, Ha, Vankova et al. 2012).

Im Gegensatz zu AUX und SA wurde der Zusammenhang von CK und AUX in der pflanzlichen Immunität bisher nicht systematisch untersucht (Naseem and Dandekar 2012). Dies ist damit zu begründen, dass es bislang keine Hinweise auf eine Verbindung dieser beiden Hormone bei einer Infektion mit *Pst* DC 3000 gegeben hat (Naseem and Dandekar 2012), da dieses prinzipiell lediglich ein erhöhtes Level von AUX, ABA und JA (Grant and Jones 2009, Robert-Seilaniantz, Grant et al. 2011), allerdings keine Erhöhung von CK und GA verursacht. Ein Zusammenhang wurde lediglich bei Infektionen durch Pilze und *Agrobacterium tumefaciens*, einem Tumor-induzierendem Pathogen, untersucht, wobei von einer gemeinsamen Interaktion zwischen CK und AUX berichtet wird (Walters and McRoberts 2006, Pertry, Vaclavikova et al. 2009, Choi, Choi et al. 2011). Allerdings haben einige Arbeiten bereits eine fördernde Wirkung von CK auf SA sowie eine gesteigerte Resistenz nach Infektion mit dem Pathogen *Pst* DC 3000 gezeigt (Robert-Seilaniantz, MacLean et al. 2011, Sano, Seo et al. 1994, Choi, Huh et al. 2010, Choi, Choi et al. 2011). Ebenfalls haben Argueso,

Raines et al. (2010) festgestellt, das A-type ARR-Mutanten ein erhöhtes Level von SA aufweisen und eine induzierte Erhöhung von CK sogar die Resistenz gegen eine Infektion mit dem Pathogen *Hpa* NoCo2 fördert. Andererseits zeigen Arbeiten an Arabidopsis-Mutanten mit einem erhöhten Level an AUX eine verstärkte Anfälligkeit des Wirts nach einer Infektion mit *Pst* DC 3000, wohingegen eine transgene Erhöhung bzw. die exogene Applikation von CK diesen Effekt umkehrt (Naseem, Philippi et al. 2012, Argueso, Ferreira et al. 2012, Choi, Huh et al. 2010, Choi, Choi et al. 2011). Man hat dies dabei mit einem SA-abhängigen Mechanismus begründet (Choi, Huh et al. 2010, Choi, Choi et al. 2011). Dass dies direkt durch CK erfolgt, wurde erstmals durch Argueso, Ferreira et al. (2012) berichtet. Der Effekt, die Immunabwehr bei einer Infektion zu erhöhen und die Resistenz zu steigern, soll hierbei über die negativen A-type ARRs Regulatoren von CK erfolgen, welche aus diesem Grund auch als negative Regulatoren in der Immunität zu sehen sind (Argueso, Ferreira et al. 2012), woran sich Hwang, Sheen et al. (2012), Spíchal (2012) und Ha, Vankova et al. (2012) anschließen. Es wird folglich davon ausgegangen, dass CK in der Lage ist, die PTI (Hansen, Sato et al. 2012, Naseem, Philippi et al. 2012, Choi, Huh et al. 2010) sowie ETI (Choi, Choi et al. 2011) zu beeinflussen und somit die Resistenz von *A. thaliana* bei einer pathogenen Infektion zu erhöhen (Argueso, Ferreira et al. 2012, Choi, Huh et al. 2010, Choi, Choi et al. 2011), die zugrunde liegenden Mechanismen aber erst begonnen werden zu verstehen. Die Tatsache, dass AUX über eine Inhibierung von *PR1* die Anfälligkeit des Wirts erhöht, CK hingegen über eine Aktivierung die Resistenz fördert, lässt Naseem und Dandekar (2012) auf einen plausiblen Antagonismus dieser beiden Hormone während einer Infektion mit *Pst* DC 3000 rückschließen, was sie zudem mit eigenen experimentellen Daten (Naseem, Philippi et al. 2012) und von Thilmony, Underwood et al. (2006) durchgeführten genomweiten Transkriptionsstudien begründen. Demgegenüber weisen vorangegangene Arbeiten von Robert-Seilaniantz, Grant et al. (2011) auf eine unabhängige Interaktion hin. Eine eindeutige Aussage über den Zusammenhang und die entsprechende Interaktion zwischen CK und AUX konnte jedoch bis jetzt nicht eindeutig nachgewiesen werden und betont die Notwendigkeit der Untersuchungen der vorliegenden Arbeit.

1.2 Methoden zur Modellierung und Simulation von Protein-Interaktionen

Der Einsatz von Hochdurchsatzverfahren hat zur Aufklärung wichtiger zellulärer Komponenten beigetragen und das Gebiet der Pflanzenbiologie revolutioniert (Naseem, Kunz et al. 2013). Die Durchführung molekularbiologischer Experimente ist für die vollständige Aufklärung aber allein nicht ausreichend. Durch zusätzliche Large-Scale-Analysen ist man in der Lage, bislang unbekannte biologische Aspekte zu identifizieren (Naseem, Kunz et al. 2013). Zwei dieser Möglichkeiten, Transkriptom-Interaktom-Analyse und *in silico*-Simulationen (im Computer) mittels Boolescher Modelle, welche in dieser Arbeit zur Modellierung und Simulation von W-P-I verwendet werden, sollen im Folgenden vorgestellt werden.

W-P-I sind eine Form von P-I. Proteine (z.B. PR1) besitzen bestimmte Funktionen und sind so an der Regulierung biologischer Prozesse (z.B. Zellwachstum und Immunabwehr) beteiligt. Diese Funktionen sind in einem Gen, einem Abschnitt der DNA (Desoxyribonukleinacid/-säure), kodiert. Die Expression eines Proteins erfordert hierbei die Prozesse der Transkription, dem Umschreiben von DNA in mRNA (messenger Ribonukleinacid/-säure), und Translation, dem Übersetzen in eine Aminosäuresequenz, den Grundelementen eines Proteins. Auf eine nähere Erklärung dieser beiden Prozesse sowie dem Aufbau eines Gens und Proteins soll an dieser Stelle verzichtet werden.

Eine Möglichkeit, die Genexpression zu messen, kann mit der Microarray-Technik erfolgen (auf eine Beschreibung dieses Verfahrens wird ebenfalls verzichtet). Anhand der jeweiligen Menge an mRNA kann man hiermit Rückschlüsse auf eine mögliche Aktivierung oder Inaktivierung der Expression eines Proteins schließen. Dies erlaubt so z.B. Aussagen darüber, welche Proteine nach einer Infektion erhöht oder erniedrigt sind, jedoch nicht über den dahinterstehenden genomischen Kontext. An dieser Stelle soll dies zur Detektion wichtiger Hub-Proteine (Mukhtar, Carvunis et al. 2011) für die pflanzliche Immunität aufgezeigt werden. Sogenannte Hubs sind stark vernetzte, zentrale Knoten in einem Netzwerk und üben in Abhängigkeit des biologischen Kontext eine wichtige Rolle zur Aufrechterhaltung der funktionellen Integrität eines Systems aus. Um die Anfälligkeit des Wirts für eine Infektion zu erhöhen, haben Pathogene hierfür zahlreiche Strategien für eine effiziente Modulation dieser zentralen Knoten entwickelt (Naseem, Kunz et al. 2013). Eine Möglichkeit besteht dabei über indirekte Interaktionen, wobei gezielt über andere Proteine die Funktion beeinflusst wird, ohne dass sich hierbei direkt das Expressionslevel des zentralen Knotens verändert und somit auch nicht in einem Microarray zu erkennen ist. Zur Identifizierung dieser sind besonders Transkriptom-Interaktom-Analysen geeignet. Ein Interaktom ist dabei die Summe aller möglichen P-I, welche z.b. aus der STRING-DB (http://string-db.org/) zu erhalten sind (Naseem, Kunz et al. 2013). Die Genexpressionsänderungen aus dem Microarray-Experiment können so auf das gesamte Interaktom gemappt werden, wodurch für jedes dieser Gene gleichzeitig die entsprechenden komplexen Interaktionen ersichtlich sind. Das so erhaltene Netzwerk kann daraufhin unter Verwendung verschiedener systembiologischer Tools, z.b. BiNGO (Biological Networks Gene Ontology, Maere, Heymans et al. 2005) und NetworkAnalyzer (Doncheva, Assenov et al. 2012), in seiner Funktion detailliert untersucht werden. BiNGO (Maere, Heymans et al. 2005) untersucht ein Netzwerk auf seine biologischen Funktionen (GO, Ashburner, Ball et al. 2000) und erlaubt so durch Verwendung von Funktionen für das Immunsystem und deren korrespondierenden Genen und Interaktionen die Rekonstruktion eines Immunnetzwerkes. Dieses kann anschließend in seiner Topologie auf wichtige Parameter wie Konnektivität, Clustering-Koeffizient und Zentralität durch NetworkAnalyzer (Doncheva, Assenov et al. 2012) analysiert werden, wodurch eine Detektion zentraler Knoten ermöglicht wird. Anhand dieser ist dann eine weitere Charakterisierungen von W-P-I und die Durchführung von Untersuchungen möglich, etwa Experimente mit Signalmutanten oder aber die Wirkung von Substanzen.

Pflanzliche Hormone sind biologisch aktive Metabolite und werden von pflanzlichen Zellen entweder rezeptorabhängig oder –unabhängig wahrgenommen, wobei sie in verschiedenen Signalkaskaden interagieren. Aufgrund der Bindeaffinität an Rezeptoren und anderer regulatorischer Proteinkomplexe spricht man in diesem Zusammenhang auch von einem dynamischen Immunsystem (Naseem, Kunz et al. 2013). Um diese komplexen metabolischen und regulatorischen Interaktionen im Zusammenhang verstehen und analysieren zu können, sind Boolesche Modelle besonders hilfreich. Boolesche Modelle werden als diskrete Mo-

34

delle bezeichnet, welche vereinfacht davon ausgehen, dass jeder Knoten eines Netzwerkes zu jedem beliebigen Zeitpunkt nur einen Zustand, aktiv (AN) oder inaktiv (AUS), annehmen kann (Helikar T 2011). Abbildung 2 veranschaulicht solch ein Boolesches Modell, bei dem alle Knoten des Netzwerkes miteinander interagieren können (links: Knoten dargestellt als Kreise; Interaktionen als Pfeile).

Da ein Netzwerk jeweils eine definierte Anzahl an Knoten und Verbindungen aufweist, lässt sich die Anzahl aller möglichen Zustände aus der Formel 2^N (N = Anzahl der Knoten, 2 = AN/AUS) berechnen (Helikar T 2011). Für das dargestellte Netzwerk ergeben sich daher acht mögliche Zustände (in Abb. 2 rechts: 0 = AUS, 1 = AN). Das System befindet sich zum Zeitpunkt T in einem sogenannten Initialzustand (jeder Knoten entweder AN oder AUS) und kann zu einem weiteren Zeitpunkt T + 1 einen anderen Zustand annehmen, wobei 000 und 111 den stationären Zustand (System im Gleichgewicht, alle Knoten gleichzeitig aktiv oder inaktiv) darstellen (Helikar T 2011). Biologisch gesehen bedeutet dies, dass ein System (z.b. Immunsystem) entsprechend den gegebenen Bedingungen (z.b. Normalzustand, Infektion, exogene Applikation von Substanzen) über die Zeit zwischen verschiedenen Zuständen schwanken kann. Somit ist man in der Lage, verschiedene biologische Systeme zu verstehen und detailliert analysieren zu können. Ausgehend von der Biosynthese eines Hormons und dessen Interaktionen lässt sich so ein komplexes Netzwerk rekonstruieren und W-P-I mithilfe eines Booleschen Modells *in silico* unter verschiedenen Bedingungen bestimmen, modellieren und simulieren. Hieraus ergibt sich weiterhin die Möglichkeit, die Ergebnisse der experimentellen Arbeit zu validieren sowie vorab zu modellieren, z.B. Effekt eines Proteins durch Ausschalten eines Knotens des Booleschen Modells, was ein Knockout-Experiment entsprechend simuliert.

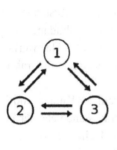

\begin{array}{c}T\\ 1\ 2\ 3\end{array}			\begin{array}{c}T+1\\ 1\ 2\ 3\end{array}		

1	2	3	1	2	3
0	0	0	0	0	0
0	0	1	0	1	0
0	1	0	0	0	1
0	1	1	1	1	1
1	0	0	0	1	1
1	0	1	0	1	1
1	1	0	0	1	1
1	1	1	1	1	1

Abbildung 2:   Das Funktionsprinzip eines Booleschen Modells.

(Links) Konnektivität eines Booleschen Modells. Ein Boolesches Modell geht vereinfacht davon aus, dass alle Knoten (dargestellt als Kreise) miteinander interagieren können (Interaktion dargestellt als Pfeil) und es somit 2^N (N = Knoten) mögliche Systemzustände gibt.

(Rechts) Anzahl der möglichen Systemzustände. Bei N = 3 gibt es acht verschiedene Zustände des Booleschen Modells, bei dem ein jeweiliger Knoten entweder inaktiviert (0) oder aktiviert (1) sein kann. Als 000 und 111 wird jeweils der stationäre Zustand gesehen (alle Knoten gleichzeitig aktiviert oder inaktiviert), wohingegen alle anderen Zustände in ihrer Aktivität zyklisch schwanken können (T = Initialzustand, T + 1 = Zustand zu einem späteren Zeitpunkt). Boolesche Modelle eignen sich dadurch besonders, um Veränderungen eines biologischen Systems, z.B. nach einer Infektion, gezielte Aktivierung/Inhibierung eines Knoten oder die Gabe einer Substanz, im Zeitablauf zu betrachten. (verändert nach Helikar T, Kochi N et al.: Boolean Modeling of Biochemical Networks. The Open Bioinformatics Journal 2011, Volume 5, 16-25, Figure 1A)

1.3 Datenbanken

Ein weiterer Teil dieser Arbeit umfasst die Erstellung einer DB, welche gezielt darauf abzielt, die P-I zwischen einem Medikament (auch als Pharmakon bezeichnet) und seinem Target untersuchen zu können. Chemische Substanzen werden mit dem Ziel entwickelt und verändert, neue Medikamente zu entwickeln. Hierfür müssen sie an ein sogenanntes Target (Zielprotein, z.B. ein Rezeptor) binden, wofür Eigenschaften wie Löslichkeit und Toxizität besonders wichtige Parameter sind. Meist ist es auch interessant zu wissen, in welchen weiteren Organismen potentielle Targets vorhanden sind. Dies ermöglichen sogenannte Clusters of Orthologous Groups / Eukaryotic Orthologous Groups (COG/KOGs, Tatusov, Fedorova et al. 2003), welche Untersuchungen in anderen Organismen oder aber die Entwicklung eines Tiermodells erlauben. Anhand dieser sind Informationen über orthologe Gene sowie deren Interaktion in Netzwerken möglich, was eine umfassende Medikamentenanalyse zulässt. Demnach sollte es dem Nutzer durch eine DB möglich sein, eine neue Verbindung analysieren sowie deren Eigenschaften berechnen und vorhersagen zu können, dies aber auch für Standardpharmaka zu erhalten.

Das Funktionsprinzip einer DB ist in Abb. 3 vereinfacht dargestellt (oben: Sicht des Entwicklers; unten: Sicht des Nutzers). Die aus eigenen Experimenten oder bestehender DBen generierten Daten werden vom Entwickler als Tabelle in einer MySQL-DB (http://www.mysql.com/) verwaltet. Sie können hierbei entsprechend individuell analysiert und weiterverarbeitet werden. Mithilfe von PHP-Skripten (http://php.net/), einer Programmiersprache für die Erstellung von Webseiten, kann auf die Informationen der Tabelle zugegriffen werden, was hierdurch dem Nutzer die Daten präsentiert (Web-Interface). Der untere Teil der Abbildung gibt die Verarbeitung aus Sicht des Nutzers wieder. Diesem wird das Web-Interface mit den möglichen Suchanfragemöglichkeiten gezeigt. Nach Absenden des Suchbegriffs durch den Nutzer (hier Pathogen: Trypanosomes; deutsch: Trypanosomen) wird mit diesem intern nach den entsprechenden Einträgen (alle Medikamente gegen diesen Pathogen) in der MySQL-Tabelle gesucht.

Das PHP-Skript würde dann wie folgt suchen: SELECT * FROM `drugpoint` WHERE `drug_indication_pathogen` LIKE '%trypanosomes%' (entsprechend: wähle aus der Tabelle `drugpoint` aus der Spalte `drug_indication_pathogen` alle Einträge ähnlich 'trypanosomes' aus; % dient in diesem Falle als Platzhalter, sogenannte Wildcards, alle Einträge mit beliebiger Anzahl an Zeichen werden zurückgegeben). Dem Nutzer werden daraufhin alle Informationen des gefundenen Suchergebnisses angezeigt, in diesem Falle Suramin, einem Medikament, welches zur Behandlung der Afrikanischen Schlafkrankheit (http://www.who.int/mediacentre/factsheets/fs259/en/) eingesetzt wird. Letztendlich hat der Nutzer lediglich Zugriff auf das Web-Interface (Suchmöglichkeiten sowie gefundene -ergebnisse).

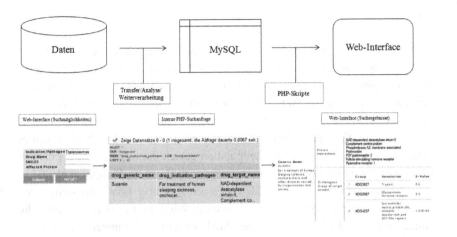

Abbildung 3: Das Funktionsprinzip einer DB.

(Oben) Die Ansicht stellt vereinfacht die Erstellung aus Sicht des Entwicklers dar. Daten aus Experimenten oder anderer DBen können problemlos in eine MySQL-Tabelle transferiert und so gespeichert, weiterverarbeitet und analysiert werden. Mithilfe von PHP-Skripten kann auf diese zugegriffen werden. Dies ermöglicht eine direkte und schnelle Suche, um dem Nutzer das entsprechende Ergebnis seiner Suche zu liefern. **(Unten)** In der Ansicht ist die Sicht des Nutzers veranschaulicht. Diesem wird lediglich das Web-Interface angezeigt. Hier kann dieser einen gewünschten Begriff in eines der vorgegebenen Suchfenster schreiben und eine Suchanfrage starten (hier Pathogen: Trypanosomes; deutsch: Trypanosomen). Mit diesem Begriff wird dann automatisch eine interne Suchanfrage über ein PHP-Skript gestartet (es werden alle Medikamente gesucht, welche gegen Trypanosomen wirken; zu dieser Suche hat der Nutzer keinen Zugang). Der Nutzer bekommt anschließend den entsprechenden Eintrag aus der MySQL-Tabelle präsentiert. In diesem Fall das Medikament Suramin samt Informationen über Indikation, Targets und deren zugehörige orthologe Gruppen. Es sei angemerkt, dass hier lediglich ein Ausschnitt des Suchergebnisses angezeigt ist. (Die gezeigten Screenshots wurden anhand der eigenen DB angefertigt.)

1.4 Ziele dieser Arbeit

CKe spielen eine wichtige Rolle in der Regulierung zahlreicher biologischer Prozesse für Wachstum und Entwicklung in Pflanzen (Spíchal 2012). Neueste Studien konnten zusätzlich aufzeigen, dass CKe die Resistenz von *A. thaliana* bei einer pathogenen Infektion steigern können und somit einen Einfluss auf das pflanzliche Immunsystem besitzen (Argueso, Ferreira et al. 2012, Choi, Huh et al. 2010, Choi, Choi et al. 2011). Hierdurch wird ihnen zusätzlich ein enormes Potential zugeschrieben, durch Manipulation gezielt die Resistenz von Pflanzen gegenüber einer Infektion beeinflussen zu können (Naseem, Philippi et al. 2012). Die hierfür zugrunde liegenden Mechanismen sind aber bisweilen weitgehend unverstanden. Aufgrund der gegensätzlichen Wirkung zu AUX, welches die Anfälligkeit des Wirts während einer Infektion erhöht, vermuten Naseem und Dandekar (2012) jedoch einen plausiblen Antagonismus dieser beiden Hormone im pflanzlichen Immunsystem.

Ziel dieser Arbeit ist, die Interaktion zwischen AUX und CK näher zu charakterisieren. In diesem Zusammenhang sollen anhand eines generierten Wirts-Pathogen-Netzwerkes und unter Verwendung eines Booleschen Modells dynamische *in silico*-Simulationen im Hinblick auf eine Infektion von *A. thaliana* mit dem Pathogen *Pst* DC 3000 durchgeführt werden. Ein weiterer Teil dieser Arbeit soll sich damit beschäftigen, wie durch Inhibierung von A-type ARRs sowie exogener Applikation von *trans*-Zeatin gezielt die pflanzliche Abwehr beeinflusst werden kann. Die hierzu durchgeführten Transkriptom-Interaktom-Analysen sollen zentrale Knoten für das pflanzliche Immunsystem identifizieren und weitere Einblicke in W-P-I liefern.

Die meisten DBen beinhalten meist zu viele oder zu wenig Informationen, welche sie für die tägliche Nutzung unbrauchbar machen. Ein zusätzlicher Teil dieser Arbeit soll sich mit der Bereitstellung einer speziell für den Forschungsalltag zugeschnittenen DB beschäftigen. Diese soll neben allgemeinen Verbindungseigenschaften insbesondere das Medikament und sein Target in einem gemeinsamen Kontext betrachten und so Informationen über deren P-I, Indikation sowie Pharmakologie liefern, aber auch zum Auffinden des pharmakologischen Targets dienen. Der Nutzer soll hierbei in der Lage sein, alle wichtigen

Informationen über ein Pharmakon in einer leicht zugänglich und einfach zu bedienenden, schnellen und zuverlässigen Suche zu erhalten, aber auch über weitere Optionen, eine individuelle Untersuchung durchführen zu können.

2 Material und Methoden

2.1 Wirts-Pathogen-Netzwerk und Boolesches Modell

Um die Interaktion zwischen CK und AUX zu untersuchen, wurde zuerst ein Wirts-Pathogen-Netzwerk unter Verwendung verschiedener Interaktom-DBen sowie Literaturrecherche rekonstruiert, wobei sich hierbei auf eine Infektion von *A. thaliana* mit *Pst* DC 3000 fokussiert wurde. Hierzu wurden Informationen zu Enzymen und deren Interaktionen aus den DBen KEGG (Kyoto Encyclopedia of Genes and Genomes; http://www.genome.jp/kegg/) und PMN (Plant Metabolic Networks; http://www.plantcyc.org/) verwendet. Regulatorische Proteine, Hormone, Rezeptoren, abbauende Komplexe sowie deren Verbindungen wurden aus der STRING-DB (Search Tool for the Retrieval of Interacting Genes/Proteins; http://string-db.org/) generiert. Zur Integration der Informationen zu den Verbindungen zwischen *A. thaliana* und *Pst* DC 3000 wurde die PPI-DB (Pseudomonas Plant Interaction; http://www.pseudomonas-syringae.org/pst_home.html) genutzt. Die Literaturrecherche erfolgte über NCBI (PubMed, DB mit Literatur zu biomedizinischer Forschung; http://www.ncbi.nlm.nih.gov/pubmed/). Die Visualisierung des Netzwerkes erfolgte unter Verwendung der systembiologischen Software CellDesigner 3.5.1 (http://www.celldesigner.org/). Mit diesem Wirts-Pathogen-Netzwerk wurde als nächstes ein Boolesches Modell erstellt. Dies erfolgte mit der Software SQUAD (Di Cara, Garg et al. 2007). Unter Verwendung eines Binär-Algorithmus (Binary Decision Diagram, BDD, Garg, Xenarios et al. 2007) konvertiert diese ein Netzwerk zunächst in ein diskretes dynamisches System und identifiziert alle stationären Zustände (steady states), woraus anschließend ein kontinuierliches dynamisches System erstellt wird. Es erlaubt hierbei eine Simulation durch individuelle Veränderung der Parameter, wobei hier auch experimentelle Simulation erfolgen kann, z.B. Aktivierung eines Rezeptors oder Ausschalten von Komponenten (Di Cara, Garg et al. 2007).

Das generierte Boolesche Modell wurde so erstellt, dass Knoten des Wirts-Pathogen-Netzwerkes, welche in Verbindung mit *Pst* DC 3000, AUX und CK stehen, entsprechende Input-Stimuli darstellen. PR1 hingegen wurde als Reaktion des Systems auf eine Veränderung angesehen und folglich als Output-Stimuli, spiegelt so die Immunreaktion wieder, gewählt. Ziel der dynamischen Simulation war die Wirkung der Hormone CK und AUX bei einer Infektion mit *Pst* DC 3000. Hierfür wurde jeweils der Zustand von PR1 als Output auf einen Input-Stimulus mit *Pst* DC 3000 sowohl mit als auch ohne CK und AUX (10μmol als Standardkonzentration für Aktivierung) gemessen und grafisch dargestellt.

2.2 Transkriptom-Interaktom-Analyse

Die Transkriptom-Interaktom-Analysen wurden entsprechend dem Workflow aus Abb. 4 durchgeführt.

Als Transkriptomdaten dienten ein Microarray-Experiment für eine exogene CK-Applikation an eine wildtypische *A. thaliana* (Gabe *trans*-Zeatin und Mock (als Kontrolle); GEO: GSE 6832.I; http://www.ncbi.nlm.nih.gov/geo/; Normalisierung erfolgte mit GEO-2R; insgesamt 22.810 Gene, davon Gene mit logFC > 1 ausgewählt) sowie für eine Sextuplet *A. thaliana*-Mutante (drei Tage Behandlung mit *Hpa* NoCo2 und Wasser an *arr3,4,5,6,8,9* und Col-O-Wildtyp (als Kontrolle); Berechnung logFC als Differenz Pathogen – Wasser; insgesamt 1.577 Gene; Argueso, Ferreira et al. 2012). [Anmerkung: logFC (log2FoldChange) = spiegelt Genexpressionsrate wieder; 1 = Expression zweifach erhöht, -1 = eineinhalbfach verringert] Die Interaktomdaten für *A. thaliana* wurden aus der STRING-DB (www.string-db.org) generiert und beinhalten 3.056 Proteine und 18.233 Interaktionen (Kriterium: Score für Interaktionen > 0,9). Als nächstes erfolgte für jeden Microarray-Datensatz ein Transkriptom-Interaktom-Mapping (Intersect), um so jeweils die Anzahl der gemeinsamen Gene aus Transkriptom (signifikant unterschiedlich regulierten Gene des Microarray) und Interaktom zu erhalten (Transkriptom x Interaktom; Sterne: Gen in Microarray und Interaktom enthalten, Punkte: Gen nur im Interaktom enthalten). Dieses Transkriptom-Interaktom-Mapping erfolgte unter Verwendung der Programmiersprache

R Version 2.13.0 (The R Development Core Team. Vienna, Austria, 2010. R Foundation for Statistical Computing, ISBN 3-900051-07-0) und der Software phpMyAdmin (http://www.phpmyadmin.net/home_page/index.php). Die jeweils gemeinsamen Gene aus Microarray und Interaktom (Sterne) wurden als nächstes auf ihre biologischen Funktionen (GO, Ashburner, Ball et al. 2000) hin untersucht (Gene Enrichment-Analyse mit Cytoscape Plugin BiNGO, Maere, Heymans et al. 2005); als Suche „biological process" in *A. thaliana*). Hiervon wurden jeweils biologische Funktionen mit Bezug zur Immunabwehr verwendet (Immunfunktionen). Mit den korrespondierenden Genen (Pluszeichen) dieser Funktionen und deren Interaktionspartnern (Punkte aus dem Interaktom) wurde daraufhin ein Immunnetzwerk generiert (Immune Network; ebenfalls wie Mapping mittels R und phpMyAdmin). Dieses Immunnetzwerk wurde anschließend auf seine Topologie hin untersucht (Network Analysis mit Cytoscape Plugin NetworkAnalyzer, Doncheva, Assenov et al. 2012) und grafisch dargestellt (durchschnittliche Anzahl an Nachbarn, englisch: Degree-average number of neighbours). Die Detektion von jeweils zehn zentralen Knoten (Hubs) erfolgte unter Verwendung verschiedener Kriterien (Genexpression, Immunfunktion, Konnektivität und Topologie).

Eine Validierung der zentralen Knoten erfolgte durch Literaturrecherche (TAIR www.arabidopsis.org, PubMed http://www.ncbi.nlm.nih.gov/pubmed/) und AHD (http://ahd.cbi.pku.edu.cn/). Die Visualisierung der gesamten Netzwerke erfolgte mit Cytoscape 2.8.3 (http://www.cytoscape.org/).

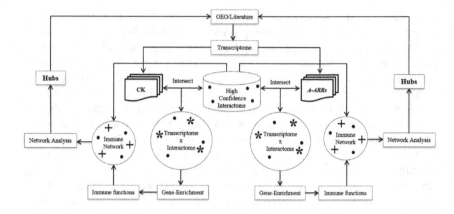

Abbildung 4: Workflow zur Transkriptom-Interaktom-Analyse.

Mapping (Intersect) der Transkriptomdaten für eine exogene *trans*-Zeatin-Applikation sowie Infektion mit *Hpa* NoCo2 (A-type ARR-Mutante) auf das *A. thaliana*-Interaktom (aus STRING-DB; 3.056 Proteine (Punkte), 18.233 Interaktionen), um ein Transkriptom x Interaktom-Netzwerk zu generieren (Sterne: Gen in Microarray/Interaktom enthalten; Punkte: Gen nur im Interaktom enthalten). Gemeinsame Gene des Microarray/Interaktom (Sterne) wurden anschließend auf ihre biologischen Funktionen mit dem Cytoscape Plugin BiNGO untersucht (Gene Enrichment). Aus diesen wurden Immunfunktionen ausgewählt und mithilfe der zugehörigen Gene dieser Funktionen (Pluszeichen) und deren resultierenden Interaktionspartnern aus dem Interaktom (Punkte) ein Immunnetzwerk (Immune Network) erstellt. Dieses wurde anschließend auf seine Topologie (Network Analysis) untersucht. Die Detektion zentraler Knoten (Hubs) erfolgte schließlich unter Verwendung verschiedener Kriterien (z.B. Konnektivität und Expression) sowie deren Validierung durch Literaturrecherche (z.B. TAIR). (Eine detailliertere Beschreibung ist dem Text zu entnehmen.) (Abb. verändert nach Naseem M, Kunz M, Ahmed N and Dandekar T: Probing the unknowns in cytokinin-mediated immune defense in Arabidopsis with systems biology approaches. Bioinformatics and Biology Insights 2014, 8:35-4, Figure 1)

2.3 DrugPoint Database

Die DrugPoint Database wurde mit dem Hintergrund erstellt, P-I zwischen einem Medikament und seinem Target untersuchen zu können (Abb. 5). Als Grundlage wurden hierbei die Informationen aller FDA-zugelassenen Medikamente (Food and Drug Administration, http://www.fda.gov/) aus der DB DrugBank (Knox, Law et al. 2011) genutzt (siehe Box oben, Drug). Anhand der Informationen der sdf-Files (mol2-Files; 3-D-Struktur des Moleküls; siehe Box links) erfolgten mithilfe von ChemAxon („cxcalc", Version 5.5.1.0 2011, http://www.chemaxon.com) die Berechnungen der chemischen Eigenschaften für jedes Medikament, entsprechende Strukturen wurden aus der SMILES-Annotation (Simplified Molecular Input Line Entry Specification; chemischer Strukturcode) mittels der Software indigo-depict generiert (http://www.ggasoftware.com/opensource/indigo/indigo-depict). Mithilfe eines Perl-Skripts erfolgt hier zusätzlich eine Konvertierung der SMILES in einen PDB-Strukturfile (Protein Data Bank, http://www.rcsb.org/pdb/home/home.do). Alle Targetsequenzen wurden mithilfe von Perl-Skripten auf Interaktionen und orthologe Gruppen (Tatusov, Fedorova et al. 2003) hin untersucht und als Gruppe, Annotation und E-Value (Erwartungswert, dass ein identisches oder noch extremeres Ergebnis per Zufall in der DB gefunden wird) dargestellt (über COGMaster aus dem JANE-Package, Liang, Schmid et al. 2009, siehe Box Mitte) sowie über Anbindungsfunktionen zu verschiedenen Crosslinks vernetzt (siehe Box rechts; mit entsprechenden Sequenzen bzw. Begriffen kann dort sofort gesucht werden). Alle Informationen wurden in einer MySQL-Tabelle (Software phpMyAdmin) verwaltet, die Suchanfragen erfolgen hierbei mittels PHP-Skripte. Für die Gestaltung des Layouts wurden die Programmiersprachen HTML (http://www.w3.org/html/) und Java (http://www.oracle.com/technetwork/java/index.html) verwendet. Die durchgeführten Arbeiten erfolgten unter Verwendung der Betriebssysteme Windows und Linux. DrugPoint Database wird über den Webserver der Bioinformatik Uni Würzburg betrieben.

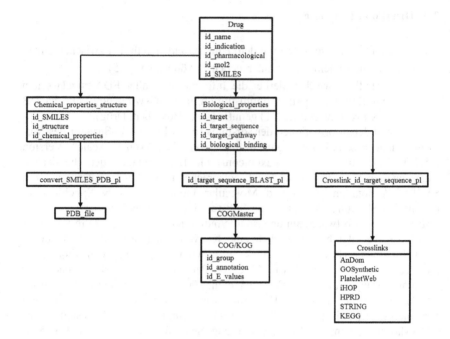

Abbildung 5:   Workflow zur DrugPoint Database.

Informationen zu FDA-zugelassenen Medikamenten wurden als Grundlage für die DrugPoint Database verwendet (Box oben, Drug). An diesen erfolgten anschließend verschiedene biologische und chemische Berechnungen und Untersuchungen sowie Anbindungen zu zusätzlichen DBen (z.b. siehe Box Crosslinks), wofür zahlreiche Perl-Skripte verwendet wurden (siehe mittlere Kästchen, _pl). Die Verwaltung der Daten erfolgte über MySQL (Software phpMyAdmin), entsprechende Suchanfragen über PHP-Skripte sowie die Gestaltung des Layouts über HTML und Java.

3 Ergebnisse

3.1 Modellierung und Simulation von Wirts-Pathogen-Interaktionen

3.1.1 Analyse des Booleschen Modells mit Fokus auf eine Cytokinin-Auxin-Interaktion

Unter Verwendung verschiedener Interaktom-DBen sowie Literaturrecherche (siehe 4.1) wurde ein Wirts-Pathogen-Netzwerk erstellt (Abb. 6). Das Netzwerk wurde spezifisch für eine pflanzliche Infektion von *A. thaliana* (siehe Rechteck unten: Komponenten zur Immunabwehr, z.b. SA) mit dem Pathogen *Pst* DC 3000 (oberes Rechteck oben: zur Infektion genutzte Komponenten, z.b. Effektor-Toxin COR) erstellt. *Pst* DC 3000 injiziert dabei die entsprechenden Effektoren, welche infolgedessen mit dem pflanzlichen System interagieren und eine Immunabwehr auslösen (W-P-I). Die entsprechenden Elemente (schwarze Knoten; im weiteren Verlauf als Knoten bezeichnet; z.b. Hormone) sind hierbei über Kanten (Pfeile; im weiteren Verlauf als Kanten bezeichnet) verbunden und repräsentieren die bestehende funktionelle Beziehung (aktivierend oder inhibierend). Lineare Knoten (z.b. Enzyme für Hormonsynthese) sind durch ein- und ausgehende Kanten gekennzeichnet, zentrale Knoten hingegen durch eine Vielzahl an Kanten (z.b. PRs). Eingerahmte Elemente (z.b. *Pst* DC 3000 oder PRs) kennzeichnen die für das Boolesche Modell betrachteten Input- und Output-Parameter.

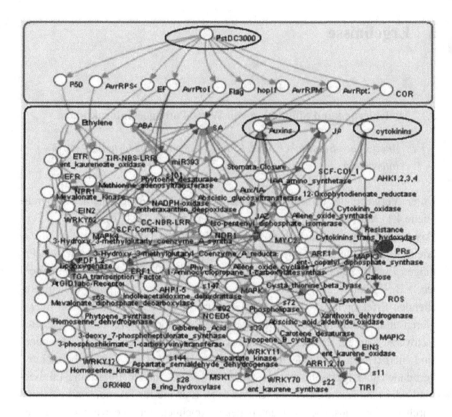

Abbildung 6: Wirts-Pathogen-Netzwerk.

Das Netzwerk verdeutlicht spezifisch die Verbindungen zwischen *A. thaliana* und dem Pathogen *Pst* DC 3000, man spricht in diesem Zusammenhang auch von W-P-I (Pfeile). Das obere Rechteck zeigt die Komponenten, welche *Pst* DC 3000 bei einer Infektion in den Wirt injiziert, um so dessen Immunsystem anzugreifen (dessen Komponenten sind im unteren Rechteck dargestellt). Eingerahmte Elemente kennzeichnen die für die weitere *in silico*-Simulation des Booleschen Modells betrachteten Parameter. (Eine detailliertere Beschreibung ist dem Text zu entnehmen.) (Abb. entsprechend Naseem M, Kunz M, Ahmed N and Dandekar T: Integration of boolean models on hormonal interactions and prospects of cytokinin-auxin crosstalk in plant immunity. Plant Signaling & Behavior 2013, 8:e23890, Figure 1B).

50

Das Wirts-Pathogen-Netzwerk wurde unter Verwendung der Software SQUAD in ein Boolesches Modell konvertiert, woran dynamische Simulationen durchgeführt wurden (Abb. 7). In den einzelnen Grafiken repräsentiert die x-Achse die Zeit, die y-Achse den Aktivierungszustand von PR1 als Referenz stellvertretend für eine Immunreaktion nach Infektion mit *Pst* DC 3000. Aus den Grafiken wird ersichtlich, dass CK die Immunantwort verstärkt (PR1-Aktivierung aus B größer als A), AUX diese hingegen deutlich erniedrigt (PR1-Aktivierung aus C kleiner als A). Weiterhin wird deutlich, dass die gemeinsame Aktivierung von CK und AUX (doppelt so hohe CK-Aktivierung gegenüber AUX) zu einer ähnlichen PR1-Aktivität wie bei einer normalen Infektion ohne die Aktivierung beider Hormone (D ähnlich A; D aber geringer als B) führt, wohingegen eine doppelt so hohe Aktivierung von AUX gegenüber CK diese erniedrigt (E geringer als A und D; E aber größer als C). Die gleich starke Aktivierung von *Pst* DC 3000, CK und AUX hat zur Folge, dass die PR1-Aktivität zwischen dem Level bei alleiniger Aktivierung von *Pst* DC 3000 + AUX und *Pst* DC 3000 + CK liegt (F zwischen C und B).

Die hier beschriebenen Ergebnisse sind bereits in der Publikation "Integration of boolean models on hormonal interactions and prospects of cytokinin-auxin crosstalk in plant immunity." (M. Naseem, M. Kunz, N. Ahmed and T. Dandekar (2013); Plant Signaling & Behavior (4), 8:e23890) erschienen.

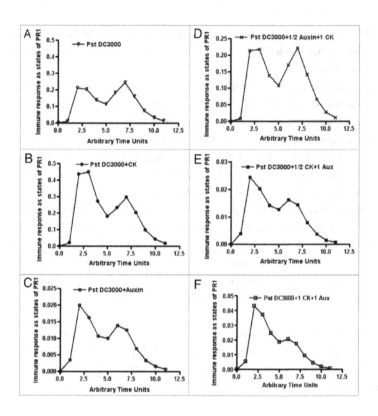

Abbildung 7: Ergebnis der *in silico*-Simulation.

Grafiken repräsentieren die Immunreaktion einer Infektion mit *Pst* DC 3000 als Systemzustand von PR1 (x-Achse=Zeit; y-Achse=PR1-Aktivität). **(A)** Simulation einer *Pst* DC 3000-Infektion ohne Aktivierung von CK und AUX. **(B)** Effekt der Aktivierung von CK auf eine *Pst* DC 3000-Infektion. **(C)** Effekt der Aktivierung von AUX nach einer *Pst* DC 3000-Infektion. **(D)** Simulation des kombinierten Effekts von CK und AUX auf eine *Pst* DC 3000-Infektion, wobei CK eine doppelt so hohe Aktivierung gegenüber AUX besitzt. **(E)** Kombinierter Effekt auf eine *Pst* DC 3000-Infektion, wenn AUX über eine doppelt so hohe Aktivierung gegenüber CK verfügt. **(F)** Simulation des kombinierten Effekts bei gleich starker Aktivierung von *Pst* DC 3000, CK und AUX. (Beschreibung siehe Text) (Abb. entsprechend Naseem M, Kunz M, Ahmed N and Dandekar T: Integration of boolean models on hormonal interactions and prospects of cytokinin-auxin crosstalk in plant immunity. Plant Signaling & Behavior 2013, 8:e23890, Figure 2).

3.1.2 Transkriptom-Interaktom-Analyse zur Untersuchung des Effekts von Cytokinin auf die pflanzliche Abwehr

Der Microarray-Datensatz *arr3,4,5,6,8,9*-Mutante drei Tage infiziert mit *Hpa* NoCo2 verfügt über 1.577 signifikant unterschiedlich regulierte Gene (siehe Tab. im online Anhang). Diese wurden anschließend auf das Interaktom von *A. thaliana* gemappt (Score für Interaktionen > 0,9; 3.056 Proteine, 18.233 Interaktionen; im Folgenden als Knoten und Kanten bezeichnet), wobei sich eine Übereinstimmung für 227 Knoten (siehe online Anhang) zeigte (Abb. 8; als hell-graue Kreise: Knoten Interaktom; als Dreiecke: 145 signifikant hochregulierte Knoten Transkriptom, als Rechtecke: 82 signifikant herunterregulierte Knoten Transkriptom; Kanten in hell-grau). Die 227 Knoten wurden daraufhin mithilfe von BiNGO analysiert. Es konnten 414 biologische Funktionen (siehe online Anhang für 214 Knoten (für 13 gibt es keine BiNGO-Annotation) gefunden werden, wovon 15 im Zusammenhang mit einer Immunabwehr stehen (Tab. 1).

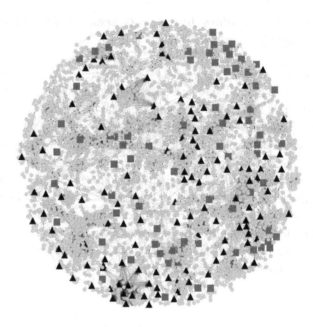

Abbildung 8:   Transkriptom x Interaktom-Netzwerk für *arr3,4,5,6,8,9.*

Das Mapping der 1.577 signifikant unterschiedlich regulierten Gene aus dem Microarray (*arr3,4,5,6,8,9*-Mutante drei Tage behandelt mit *Hpa* NoCo2) zeigte eine Übereinstimmung für 227 Knoten, welche zur weiteren Analyse verwendet wurden. Das Interaktom verfügt insgesamt über 3.056 Knoten und 18.233 Kanten (als hell-graue Kreise: Knoten Interaktom; als Dreiecke: 145 signifikant hochregulierte Knoten Transkriptom, als Rechtecke: 82 signifikant herunterregulierte Knoten Transkriptom; Kanten in hell-grau (Score für Interaktionen > 0,9). (Abb. entsprechend Naseem M, Kunz M, Ahmed N and Dandekar T: Probing the unknowns in cytokinin-mediated immune defense in Arabidopsis with systems biology approaches. Bioinformatics and Biology Insights 2014, 8:35-4, Figure 3A)

Tabelle 1: Übersicht der Immunfunktionen für *arr3,4,5,6,8,9.*

Die 227 Knoten aus dem Transkriptom-Interaktom-Mapping zeigten 414 biologische Funktionen (für 13 keine BiNGO-Annotation vorhanden), wovon 15 mit Funktionen für eine Immunabwehr assoziiert sind. Die Tabelle fasst diese ausgewählten Funktionen entsprechend zusammen. (x=Anzahl der beteiligten Gene für diesen biologischen Prozess; n=Anzahl aller bekannten Gene in BiNGO für diesen biologischen Prozess; p-Value=Wahrscheinlichkeit, dass ein identisches oder noch extremeres Ergebnis erzielt wird)

p-Value	x	N	biologischer Prozess (GO)
1,34E-15	38	637	defense response
1,19E-13	24	241	response to bacterium
4,33E-11	16	105	defense response, incompatible interaction
5,06E-11	23	283	immune system process
2,25E-10	22	272	immune response
4,12E-10	19	193	defense response to bacterium
4,29E-10	13	65	regulation of defense response
7,42E-09	20	257	innate immune response
4,59E-05	8	41	regulation of immune system process
4,59E-05	8	41	regulation of immune response
1,55E-02	6	38	regulation of innate immune response
2,58E-02	4	11	regulation of response to biotic stimulus
4,71E-01	3	8	camalexin metabolic process
4,71E-01	3	8	camalexin biosynthetic process
7,01E-01	3	9	phytoalexin biosynthetic process

Diesen Funktionen sind wiederum 43 Gene (entsprechend Knoten des Transkriptom x Interaktom-Netzwerks) zugeordnet (siehe Tab. A1 im online Anhang). Anhand dieser Immunknoten wurde mit den resultierenden Interaktionspartnern aus dem Interaktom das Immunnetzwerk erstellt, welches über 168 Knoten und 261 Kanten verfügt (Abb. 9 links; in schwarz: Immunknoten, in hell-grau: Interaktionspartner aus dem Interaktom, Kanten in hell-grau, 1 – 10: gewählte zentrale Knoten). Das entsprechende Ergebnis aus der Topologie-Analyse mit

NetworkAnalyzer ist als Grafik ebenfalls in Abb. 9 (rechts) zusammengefasst dargestellt (x-Achse: Anzahl an Kanten, y-Achse: Anzahl an Knoten; schwarzes Rechteck: zur Auswahl stehende zentrale Knoten; gesamte Topologie-Analyse siehe online Anhang). Diese verdeutlicht dabei, wie viele Knoten die entsprechende Anzahl an Kanten (Interaktionen) besitzen, wobei jeder Knoten über eine durchschnittliche Anzahl von 2,143 Interaktionen verfügt (schwarzer Strich). Unter Verwendung der Kriterien Genexpression, immunologische Funktion, Konnektivität und Topologie ergaben sich zehn zentrale Knoten, welche eine wichtige Rolle in der pflanzlichen Abwehr besitzen (Tab. 2).

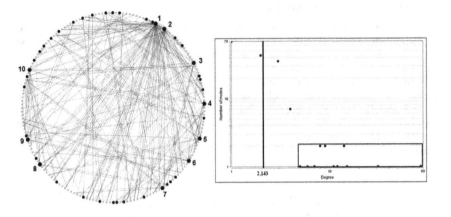

Abbildung 9: Immunnetzwerk und Topologie-Analyse für *arr3,4,5,6,8,9*.

(Links) Den aus der BiNGO-Analyse enthaltenen 15 Funktionen für eine Immunabwehr sind 43 Immunknoten zugeordnet, welche zur Konstruktion des Immunnetzwerkes, bestehend aus 168 Knoten und 261 Kanten, dienten. In schwarz dargestellt sind hierbei die Immunknoten, in hell-grau die entsprechenden Interaktionspartner aus dem Interaktom (Kanten in grau). Die Werte 1 – 10 veranschaulichen die zehn identifizierten zentralen Knoten. **(Rechts)** Zur Identifizierung zentraler Netzwerkknoten wurde eine Topologie-Analyse für das Immunnetzwerk durchgeführt. Das Ergebnis ist grafisch zusammengefasst und verdeutlicht die Anzahl der Knoten mit der entsprechenden angegebenen Anzahl an Kanten (x-Achse: Anzahl an Kanten, y-Achse: Anzahl an Knoten; schwarzes Rechteck: zur Auswahl stehende zentrale Knoten). Die Knoten des Immunnetzwerks verfügen über durchschnittlich 2,143 Interaktionen (Kanten; schwarzer Strich). (Abb. entsprechend Naseem M, Kunz M, Ahmed N and Dandekar T: Probing the unknowns in cytokinin-mediated immune defense in Arabidopsis with systems biology approaches. Bioinformatics and Biology Insights 2014, 8:35-4, Figure 3B+C)

Tabelle 2: Zentrale Knoten für *arr3,4,5,6,8,9.*

Als Ergebnis der Analyse konnten zehn zentrale Knoten mit einer Rolle in der pflanzlichen Abwehr identifiziert werden. Als Kriterien wurden hierbei Genexpression, Immunfunktion, Konnektivität und Topologie verwendet. Die Tabelle repräsentiert die entsprechenden zentralen Knoten inklusive zugehöriger Parameter und Annotationen. Werte 1 – 10 entsprechend der Nummerierung aus Abb. 9. (p-Value=Wahrscheinlichkeit, dass ein identisches oder noch extremeres Ergebnis erzielt wird; prot.=protein; Nr.=Number) (Tabelle entsprechend Naseem M, Kunz M, Ahmed N and Dandekar T: Probing the unknowns in cytokinin-mediated immune defense in Arabidopsis with systems biology approaches. Bioinformatics and Biology Insights 2014, 8:35-4, Figure 3D)

Gene	Nr.	p-Value	logFC	Annotation
1) AT3G26830	85	1,50E-03	4,03962502	PAD3 (Phytoalexin deficient 3)
2) AT5G57220	31	3,50E-03	2,85199807	CYP81F2 (Cytochrome P450, family 81, F2)
3) AT4G01370	15	2,15E-03	0,84424542	ATMPK4 (mitogen-activated prot. kinase 4)
4) AT4G29810	14	3,45E-03	1,33192732	ATMPK2 (mitogen-activated prot. kinase 2)
5) AT1G64280	14	1,12E-03	0,78949359	NPR1 (Nonexpresser of PR genes 1)
6) AT3G54640	11	5,23E-04	2,18088243	TSA1 (Tryptophan synthase alpha chain 1)
7) AT4G26070	8	2,20E-03	1,10000944	ATMPK1 (mitogen-activated prot. kinase 1)
8) AT2G38470	7	1,83E-03	2,13936566	WRKY33 (WRKY DNA-binding prot. 33)
9) AT4G23810	6	1,87E-03	2,90999304	WRKY53 (WRKY DNA-binding prot. 53)
10) AT3G45640	6	9,29E-05	1,16671372	ATMPK3 (mitogen-activated prot. kinase 3)

Für den Microarray-Datensatz (exogene Applikation von *trans*-Zeatin; insgesamt 22.810 Gene) wurden 5.489 Gene mit einem logFC > 1 ausgewählt (siehe online Anhang). Von diesen signifikant unterschiedlich regulierten Genen zeigten 575 (siehe online Anhang) eine Übereinstimmung mit dem Interaktom (Score für Interaktionen > 0,9; 3.056 Knoten, 18.233 Kanten) von *A. thaliana* (Abb. 10; als hell-graue Kreise: Knoten Interaktom; als Dreiecke: 327 signifikant hochregulierte Knoten Transkriptom, als Rechtecke: 248 signifikant herunterregulierte Knoten Transkriptom; Kanten in hell-grau).

58

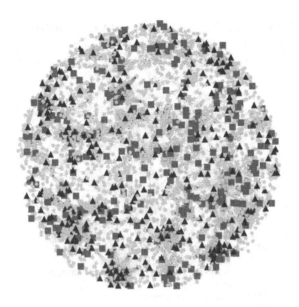

Abbildung 10: Transkriptom x Interaktom-Netzwerk für CK-Applikation.

Das Mapping der 5.489 signifikant unterschiedlich regulierten Gene (logFC > 1; *A. thaliana* exogen behandelt mit *trans*-Zeatin) identifizierte für 575 Knoten eine Übereinstimmung mit dem Interaktom (3.056 Knoten und 18.233 Kanten, Score für Interaktionen > 0,9). Die Knoten des Interaktoms sind dargestellt als hell-graue Kreise, signifikant hochregulierte Knoten des Transkriptoms als Dreiecke (327), signifikant herunterregulierte Knoten des Transkriptoms als Rechtecke (248) und Kanten in hellgrau. (Abb. entsprechend Naseem M, Kunz M, Ahmed N and Dandekar T: Probing the unknowns in cytokinin-mediated immune defense in Arabidopsis with systems biology approaches. Bioinformatics and Biology Insights 2014, 8:35-4, Figure 2A)

Die BiNGO-Analyse konnte für 504 dieser 575 Knoten 363 biologische Funktionen (siehe online Anhang) identifizieren (für 71 gibt es keine Annotation in BiNGO), von denen 35 in Verbindung mit einer Immunabwehr stehen (Tab. 3).

Tabelle 3: Übersicht der Immunfunktionen für CK-Applikation.

(x=Anzahl beteiligter Proteine für diesen biologischen Prozess; n=Anzahl bekannter Proteine in BiNGO für diesen biologischen Prozess; incomp. interaction=incompatible interaction)

p-Value	x	n	biologischer Prozess (GO)
1,71E-09	93	1853	response to stress
3,81E-06	38	528	response to other organism
5,37E-06	22	193	defense response to bacterium
1,20E-05	38	550	response to biotic stimulus
1,42E-05	24	241	response to bacterium
7,18E-05	18	148	response to jasmonic acid stimulus
6,22E-04	38	637	defense response
6,79E-03	39	729	cellular response to stimulus
2,85E-01	5	17	gibberellin biosynthetic process
5,03E-01	12	133	response to wounding
1,35E+00	10	105	defense response, incomp. interaction
1,39E+00	5	23	gibberellin metabolic process
1,41E+00	6	36	defense response to fungus, incomp. interaction
1,66E+00	17	272	immune response
2,65E+00	17	283	immune system process
2,67E+00	16	257	innate immune response
3,78E+00	4	16	defense response by callose deposition in cell wall
6,13E+00	4	18	callose deposition in cell wall
7,00E+00	32	767	response to hormone stimulus
9,11E+00	11	157	regulation of response to stimulus
1,22E+01	3	10	induced systemic resistance
2,30E+01	6	60	glycoside biosynthetic process
3,46E+01	6	65	regulation of defense response
4,05E+01	17	364	cellular response to stress
5,00E+01	4	31	gibberellin mediated signaling pathway
7,22E+01	8	124	regulation of hormone levels
7,57E+01	8	125	response to ethylene stimulus
9,18E+01	9	156	response to fungus
9,32E+01	13	272	response to abscisic acid stimulus
9,82E+01	3	20	jasmonic acid biosynthetic process
9,93E+01	2	7	indole glucosinolate metabolic process
1,13E+02	4	39	jasmonic acid mediated signaling pathway
1,13E+02	4	39	cellular response to jasmonic acid stimulus
1,24E+02	4	40	hormone biosynthetic process
1,33E+02	11	224	hormone-mediated signaling pathway

Das Immunnetzwerk aus den für diese Funktionen zugeordneten 130 Genen (entsprechend Knoten des Transkriptom x Interaktom-Netzwerks; siehe Tab. A2 im online Anhang) und den zugehörigen Interaktionspartnern aus dem Interaktom verfügt über 525 Knoten und 1.039 Kanten (Abb. 11 links; in schwarz: Immunknoten, in hell-grau: Interaktionspartner aus dem Interaktom, Kanten in hellgrau, Werte 1 – 10: gewählte zentrale Knoten). Die für das Immunnetzwerk durchgeführte Topologie-Analyse mit NetworkAnalyzer ist ebenfalls als Grafik zusammengefasst dargestellt (Abb. 11 rechts; x-Achse: Anzahl an Kanten, y-Achse: Anzahl an Knoten; schwarzes Rechteck: zur Auswahl stehende zentrale Knoten; gesamte Topologie-Analyse siehe online Anhang). Die durchschnittliche Anzahl der Kanten (Interaktionen) für jeden Knoten des Immunnetzwerks beträgt 2,018 (schwarzer Strich). Es konnten wiederum zehn zentrale Knoten mit einer assoziierten Rolle in der pflanzlichen Abwehr identifiziert werden (Tab. 4; Kriterien wiederum Genexpression, immunologische Funktion, Konnektivität und Topologie).

Die hier beschriebenen Ergebnisse sind bereits in der Publikation "Probing the unknowns in cytokinin-mediated immune defense in *Arabidopsis* with systems biology approaches." (M. Naseem[§], M. Kunz[§] and T. Dandekar; § Equal contribution); Bioinformatics and Biology Insights, 8:35-44) erschienen.

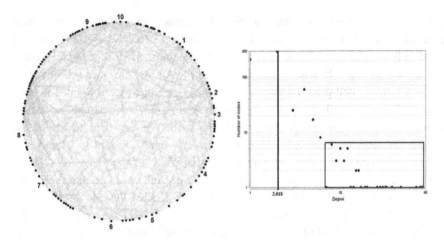

Abbildung 11: Immunnetzwerk und Topologie-Analyse für CK-Applikation.

(Links) Anhand der 130 Immunknoten (für 35 Immunfunktionen) aus der BiNGO-Analyse und deren Interaktionspartnern aus dem Interaktom wurde ein Immunnetzwerk konstruiert (525 Knoten und 1.039 Kanten; in schwarz: Immunknoten, in hell-grau: entsprechende Interaktionspartner aus dem Interaktom, Kanten in hell-grau). Die Werte 1 – 10 verdeutlichen die identifizierten zentralen Knoten. **(Rechts)** Grafische Zusammenfassung der Topologie-Analyse für das Immunnetzwerk (x-Achse: Anzahl an Kanten, y-Achse: Anzahl an Knoten; schwarzes Rechteck: zur Auswahl stehende zentrale Knoten). Die Grafik repräsentiert die Anzahl der Knoten mit der entsprechend angegebenen Anzahl an Kanten (Interaktionen), wobei jeder Knoten eine durchschnittliche Anzahl von 2,018 Interaktionen aufweist (schwarzer Strich). (Abb. entsprechend Naseem M, Kunz M, Ahmed N and Dandekar T: Probing the unknowns in cytokinin-mediated immune defense in Arabidopsis with systems biology approaches. Bioinformatics and Biology Insights 2014, 8:35-4, Figure 2B+C)

Tabelle 4:   Zentrale Knoten für CK-Applikation.

Auf Grundlage der Kriterien Genexpression, Immunfunktion, Konnektivität und Topologie konnten zehn zentrale Knoten identifiziert werden, welche hierbei über eine Beteiligung in der pflanzlichen Abwehr verfügen. Die Tabelle zeigt die entsprechenden zentralen Knoten inklusive zugehöriger Parameter und Annotationen. Werte 1 – 10 entsprechend der Nummerierung aus Abb. 11. (p-Value=Wahrscheinlichkeit, dass ein identisches oder noch extremeres Ergebnis erzielt wird; Nr.=Number). (Abb. entsprechend Naseem M, Kunz M, Ahmed N and Dandekar T: Probing the unknowns in cytokinin-mediated immune defense in Arabidopsis with systems biology approaches. Bioinformatics and Biology Insights 2014, 8:35-4, Figure 2D).

Gene	Nr.	p-Value	logFC	Annotation
1) AT2G44490	48	2,17E-04	-1,0052104	PEN2 (Penetration 2)
2) AT2G14580	38	5,02E-04	1,624453	ATPRB1 (pathogenesis-related protein 1)
3) AT1G17420	16	7,22E-03	1,6711332	LOX3 (Lipoxygenase 3)
4) AT2G20610	12	4,50E-05	-1,0852976	SUR1 (Superroot 1)
5) AT1G09530	11	3,77E-02	-1,2455363	PIF3 (Phytochrome interacting factor 3)
6) AT4G23600	10	7,83E-04	1,6663665	CORI3 (Coronatine induced 1)
7) AT1G15550	10	1,59E-04	1,157526	GA4 (GA Requiring 4)
8) AT4G14560	9	2,25E-03	1,0084828	IAA1 (Indole-3-acetic acid inducible 1)
9) AT2G44050	8	2,50E-05	1,2442146	COS1 (COI1 Suppressor 1)
10) AT4G09650	7	1,00E-05	2,2935237	ATP synthase delta chain

3.2 DrugPoint Database

Die DrugPoint Database verfügt über 1.383 FDA-zugelassene Medikamente, 4.951 Targets und deren Interaktionen sowie zugehörige 4.078 orthologe Gruppen (hierbei gruppiert in 993 COG/KOGs, welche über 21.120 orthologe Gene in 67 verschiedenen Organismen verfügen). DrugPoint Database betrachtet ein Medikament und sein Target in einem gemeinsamen Kontext bezüglich Indikation, Pathogen, Name des Pharmakons, chemischen Strukturcode (SMILES-Annotation) sowie Target und dessen Netzwerk. Hierbei ist eine Suche in fünf verschiedenen Kategorien (text- und symbolbasiert; über Platzhalter, sogenannte Wildcards; automatische Wortvervollständigung; Suche mit mehreren Begriffen in einer sowie in mehreren Kategorien; Beispiele für jede Suchkategorie enthalten) möglich, wobei das Suchergebnis in biologische, chemische und pharmakologische Eigenschaften überschaubar untergliedert ist. Eine detaillierte Beschreibung der Suchmöglichkeiten sowie der -ergebnisse ist in Tab. A3 im online Anhang aufgelistet, zusätzlich ist eine kleine Demonstration mit verschiedenen Suchbegriffen in den Abbildungen 12 und 13 (putatives Target von 2-bromophenol, einer Struktureinheit von Bromphenolblau, in Trypanosomen) zu finden (im Text nicht näher erklärt). Eine ausführliche Beschreibung dieser Suchbeispiele aus Abb. 12 (Tutorial I) sowie den Möglichkeiten, mithilfe von DrugPoint Database P-I zu untersuchen (Tutorial II), ist dem online Anhang zu entnehmen.

Teile der hier beschriebenen DrugPoint Datenbank sind im Anschluss in der Publikation "The drug-minded protein interaction database (DrumPID) for efficient target analysis and drug development." (M. Kunz[§], C. Liang[§], S. Nilla, A. Cecil and T. Dandekar; § Equal contribution; Database (Oxford) 2016, pii: baw041) erschienen.

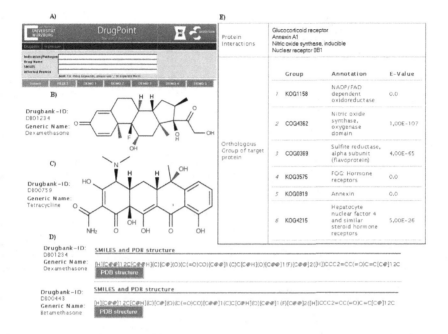

Abbildung 12: Überblick zur DrugPoint Database.

(A) Mögliche Suchkategorien: Indikation, Pathogen, Name, SMILES-Annotation und Target. (B) Indikation: Beispiel Hematologic disorder liefert zwei Medikamente (hier: Dexamethasone mit Struktur gezeigt). (C) Pathogen: Beispiel *B. burgdorferi* liefert das Pharmakon Tetracycline (hier mit Struktur dargestellt). Der Nutzer erhält zusätzliche Informationen, etwa über die Behandlungsmöglichkeiten und chemische und biologische Eigenschaften (hier nicht gezeigt). (D) SMILES: Beispiel ([(C)C[C@H](O)[C@@]1(F)[C@@]2([H])CCC2=CC(=O)C=C[C@]12C]) findet fünf Medikamente, welche in der Struktur ähnlich aufgebaut sind (hier: Dexamethasone und Betamethasone mit SMILES gezeigt). Eine zusätzliche Funktion konvertiert den entsprechenden SMILES in einen PDB-Strukturfile und ermöglicht so weitere Untersuchungen, z.B. Docking-Experimente. (E) P-I: Für jedes Pharmakon ist das entsprechende Target, dessen P-I sowie sein Signalweg (wenn bekannt) gegeben. Jedes Target wurde nach der orthologen Gruppe (dargestellt mit COG/KOGs, Annotation und E-Value) analysiert. Wichtigsten Outputs sind mit weiteren DBen verlinkt, z.B. PlateletWeb und KEGG, was weitere individuelle Untersuchung ermöglicht (hier nicht gezeigt). Das Beispiel Glucocorticoid receptor liefert 37 Medikamente (hier: vier P-I und sechs orthologe Gruppen für Dexamethasone).

65

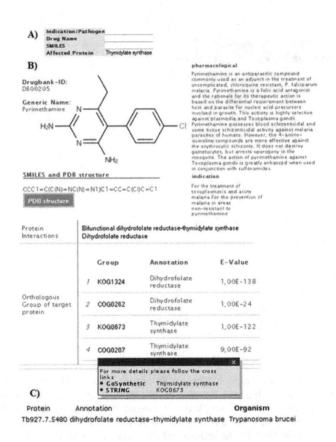

Abbildung 13: Potentielles Target von 2-bromophenol in Trypanosomen.

(A) 2-bromophenol, eine Struktureinheit von Bromphenolblau, zählt zu den nicht-FDA-zugelassenen Medikamenten, dessen mögliches Target laut DrugBank die Thymidylat-Synthase ist (in DrugPoint Database: Suche Kategorie Affected Protein: Thymidylate synthase). **(B)** Die DrugPoint Database liefert hierfür 13 FDA-zugelassene Medikamente, über welche sich der Nutzer informieren kann (hier Pyrimethamine mit einigen Eigenschaften dargestellt). Für Pyrimethamine liefert die automatische COG/KOGs-Suche einen stark signifikanten E-Value von 1,00E-122 (KOG0673). **(C)** Durch einfaches Folgen der implementierten Crosslinks (z.B. zur STRING-DB) erhält der Nutzer das entsprechende Protein (Tb927.7.5480) für die Thymidylat-Synthase in *T. brucei*, was hierbei als potentieller Angriffspunkt von 2-bromophenol gesehen werden kann.

66

4 Diskussion

4.1 Cytokinin und Auxin zeigen gegensätzliche Effekte auf die Immunabwehr

Hormon-Interaktionen, z.B. eine antagonistische Interaktion zwischen SA und JA/ET (Verhage, van Wees et al. 2010), bilden das Immunsystem von Pflanzen. SA aktiviert wiederum die Expression von PR1, einem Marker für die Immunabwehr, und verhilft ihnen so, sich vor Infektionen zu schützen (Grant and Jones 2009, Robert-Seilaniantz, Grant et al. 2011, Sano, Seo et al. 1994). Um die Anfälligkeit des Wirts zu erhöhen, stellen diese Hormone gleichzeitig gezielt Angriffspunkte von Pathogenen dar. Ein erst in neuerer Zeit verstärkt gewürdigtes Hormon der pflanzlichen Immunabwehr ist CK. Dieses pflanzliche Hormon spielt seinerseits eine wichtige Rolle in der Regulierung zahlreicher biologischer Prozesse, etwa für Wachstum und Entwicklung von Pflanzen (Spíchal 2012).

Ein Ziel dieser Arbeit lag darin, den Zusammenhang zwischen CK und AUX auf die pflanzliche Immunabwehr näher zu charakterisieren. Hierzu wurde zunächst für eine Infektion von *A. thaliana* mit dem Pathogen *Pst* DC 3000 ein integriertes Wirts-Pathogen-Netzwerk konstruiert. Die Komponenten des Netzwerks, z.B. Hormone und deren Interaktionen mit anderen regulatorischen Proteinen, sind hierbei über Knoten und Kanten verbunden, was so die beteiligten W-P-I und deren funktionelle Beziehung aufzeigt. Das Wirts-Pathogen-Netzwerk wurde in ein Boolesches Modell mittels der Software SQUAD konvertiert, um den Einfluss von CK und AUX *in silico* zu untersuchen. *Pst* DC 3000 allein oder mit CK und AUX galten dabei als Input-Stimuli und PR1 als Reaktion des Systems auf einen entsprechenden Input. Die durchgeführten dynamischen Simulationen haben hierbei ergeben, dass CK die PR1-Aktivität während einer Infektion mit *Pst* DC 3000 erhöht, AUX diese hingegen erniedrigt. Interessanterweise führte die gemeinsame Aktivierung von CK und AUX (doppelt so hohe Aktivierung von CK gegenüber AUX) zu einer ähnlichen PR1-Aktivität wie bei einer normalen Infektion (ohne Aktivierung von CK und AUX). Auf der anderen Seite hat eine doppelt so hohe Aktivierung von AUX gegenüber CK die PR1-Aktivität erniedrigt. Waren alle drei Input-Stimuli gleich stark aktiviert, lag die PR1-Aktivität zwischen dem Ergebnis der Aktivierung von *Pst* DC 3000 + AUX und *Pst* DC 3000 + CK.

Dass AUX die Anfälligkeit des Wirts für eine Infektion fördert, ist bereits umfassend anerkannt (Robert-Seilaniantz, Grant et al. 2011, Robert-Seilaniantz, MacLean et al. 2011, Wang, Pajerowska-Mukhtar et al. 2007). Es konnte gezeigt werden, dass dies hierbei über eine Aktivierung von JA und Inhibierung von SA durch AUX erfolgt (Wang, Pajerowska-Mukhtar et al. 2007, Robert-Seilaniantz, MacLean et al. 2011). In diesem Zusammenhang zeigte sich auch, dass *Pst* DC 3000 während einer Infektion ein erhöhtes Level der Hormone AUX, ABA und JA bewirkt (Grant and Jones 2009, Robert-Seilaniantz, Grant et al. 2011). Die Rolle von CK in der pflanzlichen Abwehr ist hingegen noch weitgehend unverstanden. Neueste Studien lassen bereits erkennen, dass CK die Wirkung von SA fördert, welche von AUX hingegen unterdrückt wird, und hierbei die Resistenz von *A. thaliana* positiv beeinflusst (Naseem, Philippi et al. 2012, Robert-Seilaniantz, MacLean et al. 2011, Choi, Huh et al. 2010, Navarro, Bari et al. 2008, Jiang, Shimono et al. 2013). Dieser Tatsache folgend, vermuten Naseem und Dandekar (2012) eine Interaktion mit gegensätzlicher Wirkung von CK und AUX in der pflanzlichen Immunabwehr, was sie zudem mit Ergebnissen eigener experimenteller Arbeiten (Naseem, Philippi et al. 2012) und genomweiten Transkriptionsstudien (Thilmony, Underwood et al. 2006) weiter untermauern. Demgegenüber weisen vorangegangene Arbeiten von Robert-Seilaniantz, Grant et al. (2011) auf einen unabhängigen Effekt von CK und AUX hin. Aufgrund der erhaltenen Ergebnisse der durchgeführten *in silico*-Simulationen aus der hier vorliegenden Arbeit kann die Annahme von Naseem und Dandekar (2012) bestätigt werden. Interessanterweise lässt sich hieraus zusätzlich erkennen, dass das hier vorliegende Ergebnis mithilfe experimenteller Arbeiten (Naseem, Philippi et al. 2012) gestützt werden kann und aufzeigt, dass *in silico*-Simulationen als eine ergänzende Methodik zur Bestätigung der experimentellen Ergebnisse verwendet werden können. Auf Grundlage dessen und in Anlehnung an Grant und Jones

(2009) lässt sich hieraus ein einfaches Modell einer Infektion von *A. thaliana* mit *Pst* DC 3000 entwickeln (Abb. 14) (Naseem, Kunz et al. 2013).

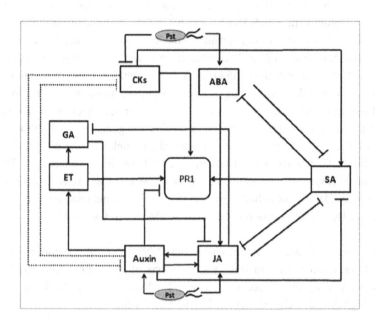

Abbildung 14: Modell der Hormon-Interaktionen.

Das Modell verdeutlicht die Angriffspunkte und resultierenden Interaktionen des Pathogens *Pst* DC 3000 während einer Infektion von *A. thaliana*. Hormon-Interaktionen können entweder aktivierend (→) oder inhibierend (−) sein und hierbei entweder für eine pflanzliche Abwehr (z.B. CK-SA) oder eine Anfälligkeit (z.b. AUX-SA) des Wirts sorgen. Die Interaktion zwischen CK und AUX (---) repräsentiert das Ergebnis dieser vorliegenden Arbeit. PR1 stellt ein Marker für die Immunabwehr bei Infektion mit *Pst* DC 3000 dar. (Eine detailliertere Beschreibung ist dem Text zu entnehmen.) (Abb. entsprechend Naseem M, Kunz M, Ahmed N and Dandekar T: Integration of boolean models on hormonal interactions and prospects of cytokinin-auxin crosstalk in plant immunity. Plant Signaling & Behavior 2013, 8:e23890, Figure 3).

Um *A. thaliana* erfolgreich zu infizieren, bewirkt *Pst* DC 3000 während einer Infektion gezielt eine Erhöhung des AUX-Levels. Diese erhöhte AUX-Konzentration fördert indes die Wirkung von JA, was die Anfälligkeit des Wirts über eine Inhibierung von SA zur Folge hat. AUX kann zudem unabhängig von JA direkt SA inhibieren, was Arbeiten von Robert-Seilaniantz, MacLean et al. (2011) nachgewiesen haben. Weiterhin kann davon ausgegangen werden, dass *Pst* DC 3000 während einer Infektion zusätzlich gezielt eine Erniedrigung von CK bewirkt, was die Aktivierung von SA verhindert, wodurch eine entsprechende Immunabwehr unterdrückt wird. Mithilfe der durchgeführten *in silico*-Simulationen konnte gezeigt werden, dass eine antagonistische Interaktion zwischen CK und AUX mit einem gegensätzlichen Effekt auf die pflanzliche Immunabwehr besteht (Naseem, Kunz et al. 2013). Künftige Arbeiten werden die Zusammenhänge der gegensätzlichen Wirkungen von CK, AUX und SA näher beleuchten. Dabei sind Arbeiten mit jeweiligen Signalmutanten, auch in Verbindung mit JA, in Kombination mit Booleschen Modellen vorteilhaft.

Teile dieser Diskussion sind bereits in der Publikation "Integration of boolean models on hormonal interactions and prospects of cytokinin-auxin crosstalk in plant immunity." (M. Naseem, M. Kunz, N. Ahmed and T. Dandekar (2013); Plant Signaling & Behavior (4), 8:e23890) erschienen.

4.2 Cytokinin steuert wichtige zentrale Netzwerkknoten und fördert die pflanzliche Abwehr

CK, transgen erhöht oder exogen appliziert, kann zu einer Steigerung der pflanzlichen Resistenz gegenüber Infektionen mit *Pst* DC3000 (Naseem, Philippi et al. 2012) und *Hpa* NoCo2 (Argueso, Ferreira et al. 2012) beitragen. Um die Anfälligkeit des Wirts gegenüber einer Infektion hingegen zu erhöhen, haben Pathogene diverse Strategien zur Modulation wichtiger zentraler Netzwerkknoten entwickelt (Naseem, Kunz et al. 2013). Diese beiden Effekte sollten in einem weiteren Teil der Arbeit mit dem Ziel untersucht werden, zentrale Knoten einer CK-assoziierten Immunabwehr zu detektieren.

Das Mapping zwischen Interaktom und Transkriptom konnte für den Datensatz der exogenen Applikation von *trans*-Zeatin insgesamt 575 Knoten identifizieren (10,48% der signifikant unterschiedlich regulierten Gene des Transkriptoms; 18,82% des Interaktoms). Von diesen waren hierbei 327 hoch- und 248 herunterreguliert. Die funktionelle Analyse ergab für diese Knoten eine Beteiligung an 363 biologischen Prozessen (71 Knoten = 12,35% ohne Annotation). Von diesen biologischen Funktionen standen lediglich 35 (9,62%) in Verbindung mit einer Immunabwehr, die korrespondierenden Gene (Immunknoten) dieser biologischen Funktionen repräsentieren allerdings einen Anteil von 22,61% (130) aller signifikant unterschiedlich regulierten Knoten aus dem Transkriptom-Interaktom-Mapping. Das daraus konstruierte Immunnetzwerk verfügt über 525 Knoten und 1.039 Kanten (Interaktionen), wobei eine Netzwerkanalyse eine durchschnittliche Anzahl von 2,018 Interaktionspartnern pro Knoten ergab. Die Identifizierung der zentralen Knoten erfolgte unter Verwendung der folgenden verschiedenen Kriterien: Genexpression, immunologische Funktion, Konnektivität und Topologie (mehr Interaktionen als Durchschnitt).

Der zentrale Knoten ATPRB1 (Arabidopsis thaliana basic pathogenesis related protein 1) ist signifikant hochreguliert nach CK-Applikation und weist die meisten Interaktionspartner (38) dieser Gruppe auf. Diese Gene sind der Thaumatin-Proteinfamilie zugeordnet. Ein bekannter Vertreter dieser Familie ist PR1, ein Marker für die SA-vermittelte Immunabwehr (Naseem, Philippi et al. 2012, Argueso, Ferreira et al. 2012). Studien von Santamaria, Thomson et al. (2001) haben gezeigt, dass der Promotor von *ATPRB1* ein gewebespezifisches Expressionsmuster speziell für die Gabe von ET und JA aufweist, wohingegen die Applikation von SA die Expression unterdrückt. Ein weiterer signifikant hochregulierter zentraler Knoten (16 Interaktionspartner) ist LOX3 (Lipoxygenase 3). Neben wichtigen Enzymen für die Biosynthese von Oxylipinen (Vorstufen von JA), ist LOX3 auch empfindlich gegenüber einer Vielzahl an internen und externen Signalen (Umate 2011). Eine Erhöhung der Resistenz durch CK gegen Infektionen mit den Pathogenen *Alternaria* (Choi, Huh et al. 2010) und *Botrytis* (Swartzberg, Kirshner et al. 2008) soll in diesen Fällen über eine Verknüpfung zwischen CK und dem JA-Signalweg durch LOX3 erfolgen. Der signifikant hochregulierte zentrale Netzwerkknoten CORI3 (Coronatine induced 3, auch bezeichnet als JR2: Jasmonic acid responsive 2; zehn Interaktionspartner) ist ebenfalls an der Immunabwehr gegenüber Pathogenen beteiligt und spielt eine wichtige Rolle im JA-Signalweg (Devoto, Ellis et al. 2005). Sowohl LOX3 und CORI3 lassen an dieser Stelle eine Verbindung in der CK-assoziierten Immunabwehr zu JA erkennen. Deutlich wird dies zudem für den signifikant hochregulierten zentralen Knoten COS1 (COI1 Suppressor 1; acht Interaktionspartner), welcher Gene für die Lumazine-Synthase codiert. Lumazine sind hierbei wichtige Komponenten des Riboflavin-Signalnetzwerks, welcher eine Reprimierung von COI1, einem Protein des JA-Signalwegs, bewirkt (Xiao, Dai et al. 2004). Hieraus lässt sich ebenfalls vermuten, dass eine CK-vermittelte Erhöhung der Genexpression von COS1 und dessen inhibierende Wirkung auf den JA-Signalweg für einen besseren Schutz vor Infektionen verantwortlich sein könnte. Zahlreiche weitere Arbeiten stellten gleichfalls eine durch CK-vermittelte gesteigerte Resistenz gegenüber verschiedenen pflanzlichen Infektionen fest und vermuten dabei eine Interaktion zwischen CK und JA (Choi, Huh et al. 2010, Swartzberg, Kirshner et al. 2008, Sano, Seo et al. 1994, Smigocki, Neal et al. 1993), wobei diese Interaktion bislang noch ungeklärt ist. Der zentrale Netzwerkknoten GA4 (GA Requiring 4; signifikant hochreguliert mit zehn Interaktionspartnern) ist an einem späten Schritt in der GA-Biosynthese von *A. thaliana* beteiligt. Arbeiten von Smirnoff und Grant (2008) konnten hierzu zeigen, dass ein erhöhtes Level an GA über einen Abbau des DELLA-Proteins eine gesteigerte Resistenz gegenüber Infektionen bewirkt. Eine CK-vermittelte Resistenz lässt sich auch für IAA1 (Indole-3-acetic acid inducible 1) aufzeigen (Naseem and Dandekar 2012). Dieser signifikant hochregulierte zentrale Knoten mit neun Interaktionspartnern ist ein AUX/IAA1 Transkriptionsfaktor (TF) und fungiert dabei als Repressor einer AUX-vermittelten Genexpression, welche ihrerseits eine Anfälligkeit des Wirts bewirkt (Navarro, Dunoyer et al. 2006). Naseem und Dandekar (2012) konnten hierzu zeigen, dass eine CK-vermittelte Stabilität von AUX/IAA1 zu einer erhöhten Immunabwehr führt. Die cpATPase (Delta Subunit of ATP Synthase) spielt eine entscheidende Rolle in der Stabilisierung des cpATPase-Komplexes und hat so Einfluss auf eine optimale Thylakoidzusammensetzung und Photosyntheserate (Maiwald, Dietzmann et al. 2003). Der zugehörige zentrale Netzwerkknoten ATP synthase delta chain ist hierbei am stärksten hochreguliert nach CK-Applikation, verfügt jedoch mit lediglich sieben Interaktionspartnern über die geringste Anzahl. Man kann diesen gefundenen zentralen Knoten damit erklären, dass CK im Allgemeinen für eine Integrität von Organellen unter Stress und eine Erhöhung der Photosyntheseleistung sorgt, um so die Funktionalität von Pflanzen weiter aufrechtzuerhalten (Cortleven and Valcke 2012).

Die durchgeführte Transkriptom-Interaktom-Analyse konnte zusätzlich drei signifikant herunterregulierte zentrale Netzwerkknoten infolge einer CK-Applikation identifizieren. PEN2 (Penetration 2) verfügt hierbei mit 48 Interaktionen über die meisten Interaktionspartner der zehn identifizierten zentralen Knoten. Dieses Myrosinase-Enzym löst eine Vielzahl von Reaktionen bei Pilzbefall, besonders W-P-I, aus (Bednarek, Pislewska-Bednarek et al. 2009). Viele Pilze sind dabei sogar in der Lage, CKe zu produzieren und damit eine PEN2–Expression zu unterdrücken (Walters and McRoberts 2006). Hierbei wäre dieser Mechanismus auch für Pathogene denkbar, um sich über ihre W-P-I gezielt durch CK-Produktion ein Überleben im Wirt zu sichern. Der signifikant herunterregulierte zentrale Knoten SUR1 (Superroot1) besitzt zwölf Interaktionspartner. Es zeigt sich, dass SUR1 verstärkt durch AUX induziert wird und überdies eine wichtige Rolle in dessen Homöostase einnimmt (Barlier, Kowalczyk et al. 2000). Hieraus lässt sich schließen, dass eine CK-vermittelte Unterdrückung von SUR1 die Resistenz gegenüber Pathogenen verstärkt, welche auf der anderen Seite durch AUX minimiert wird. Ein weiterer signifikant herunterregulierter zentraler Knoten ist PIF3 (Phytochrome interacting factor 3; elf Interaktionspartner). PIF3 ist ein negativer Regulator von phyB (Phytochrome B), wobei Cerrudo, Keller et al. (2012) gezeigt haben, dass diese Negativregulation von phyB zu einer erhöhten Anfälligkeit gegenüber dem nekrotrophen Pathogen *Botrytis cinerea* führt, wobei ein erhöhtes CK-Level dem entgegenwirkte.

Weiterhin wurde eine Transkriptom-Interaktom-Analyse für eine Sextuplet A-type ARR-Mutante (*arr3,4,5,6,8,9*), drei Tage behandelt mit *Hpa* NoCo2, durchgeführt. Type-A ARRs sind negative Regulatoren von CK (Hwang, Sheen et al. 2012) und unterdrücken die Immunabwehr in *A. thaliana* (Argueso, Ferreira et al. 2012). Arbeiten an *arr3,4,5,6,8,9*-Mutanten eignen sich somit besonders, den Einfluss von CK auf die Immunität durch Ausschalten von sechs verschiedenen

ARRs zu untersuchen (Argueso, Ferreira et al. 2012). Das Transkriptom-Interaktom-Mapping hat für diesen Datensatz eine Übereinstimmung für 227 Knoten, hiervon 145 hoch- und 82 herunterreguliert, ergeben (14,39% der signifikant unterschiedlich regulierten Gene des Transkriptoms; 7,43% des Interaktoms). Diese Knoten haben hierbei eine Beteiligung an 414 biologischen Prozessen (13 Knoten = 5,73% ohne Annotation), wobei nur 15 (3,62%) in Verbindung mit einer Immunabwehr standen. Die zugehörigen 43 Gene (Immunknoten) dieser Funktionen verfügen allerdings über einen Anteil von 18,94% aller signifikant unterschiedlich regulierten Knoten aus dem Transkriptom-Interaktom-Mapping. Das entsprechend konstruierte Immunnetzwerk weist 168 Knoten und 261 Kanten (Interaktionen) auf, wobei sich eine durchschnittliche Anzahl von 2,143 Interaktionspartnern pro Knoten ergeben hat. Die Detektion der zehn zentralen Knoten, in diesem Falle allesamt signifikant hochreguliert, erfolgte in Übereinstimmung mit den Kriterien der Analyse des Datensatzes der exogenen *trans*-Zeatin-Applikation.

PAD3 (Phytoalexin deficient 3) ist hierbei signifikant hochreguliert und weist 85 Interaktionspartner auf. Dieser zentrale Knoten ist ein Paralog von PAD4, welches an der pflanzlichen Abwehr beteiligt ist und zusätzlich für die Biosynthese von Camalexin, einer Klasse der Phytoalexine, verantwortlich ist (Zhou, Tootle et al. 1999). Zhou, Tootle et al. (1999) zeigten zudem, dass *PAD3*-Mutanten, welche über keine Camalexin-Akkumulation verfügen, eine verstärkte Anfälligkeit gegenüber dem nekrotrophen Pathogen *Botrytis cinerea* aufweisen. Studien an Arabidopsis- und Tabakpflanzen haben ebenfalls gezeigt, dass eine Erhöhung von CK zu einer erhöhten Akkumulation von Camalexin (Naseem, Philippi et al. 2012) und Capsidiol (Grosskinsky, Naseem et al. 2011) führt, was so das bakterielle Wachstum inhibierte. Der zentrale Netzwerkknoten CYP81F2 (Cytochrome P450, family 81, subfamily F, polypeptide 2; 31 Interaktionspartner) ist eine P450-Monooxygenase, welche eine entscheidende Rolle in der Synthese von Glucosinolaten spielt und zusätzlich eine Vielzahl von Reaktionen gegen Bakterien- und Pilzbefall auslöst (Bednarek, Pislewska-Bednarek et al. 2009). Es zeigte sich, dass CYP81F2 in Folge des Ausschaltens der sechs A-type ARRs signifikant hochreguliert ist, wobei hier weiter abzuklären ist, ob diese Derepression von CK aufgrund des Ausschaltens der A-type ARRs eine Akkumulation von

Glucosinolaten bewirken kann und somit gegen Infektionen schützt. Der zentrale Knoten TSA1 (Tryptophan synthase alpha chain 1) ist ebenfalls signifikant hochreguliert und verfügt über elf Interaktionspartner. *TSA1* codiert für eine Untereinheit der Tryptophan-Synthase, wobei Clay, Adio et al. (2009) an *TSA1*-Mutanten gezeigt haben, dass diese nicht in der Lage sind, Callose an der Infektionsstelle anzulagern. Andererseits haben Choi, Huh et al. (2010) gezeigt, dass eine transgene Erhöhung von CK eine Anlagerung von Callose verstärkt hat, diese allerdings nach einer zusätzlichen Flagellin22-Gabe, löst Calloseproduktion bei Mikrobenbefall im Wirt aus (Gomez-Gomez and Boller 2002), signifikant erniedrigt war. Die Analyse hat weiterhin ergeben, dass das Ausschalten der sechs A-type ARRs zu einer Induktion der stress-assoziierten MAPK-Signalkaskade, vertreten durch die zentralen Knoten AtMPK1 (mitogen-activated protein kinase 1; 8 Interaktionspartner), AtMPK2 (mitogen-activated protein kinase 2; 14 Interaktionspartner), AtMPK3 (mitogen-activated protein kinase 3; 6 Interaktionspartner) und AtMPK4 (mitogen-activated protein kinase 4; 15 Interaktionspartner), führt. Zahlreiche Studien zeigen, dass die MAPK-Signalkaskade eine zentrale Rolle in der PTI und ETI einnimmt (Hwang, Sheen et al. 2012, Pieterse, Van der Does et al. 2012, Choi, Choi et al. 2011), wohingegen eine Verbindung zwischen dem MAPK-Signalweg und CK über eine Signalübertragung durch das Zwei-Komponenten-System (Hwang, Sheen et al. 2012, Argueso, Raines et al. 2010) noch nicht bekannt ist. Jedoch konnte durch K. Kumar Marmath et al. (2013) gezeigt werden, dass eine exogene Applikation von CK bei *Brassica napus* (Raps) zu einer Induktion von MPK4 und einem besseren Schutz gegen eine Infektion mit dem nekrotrophen Pathogen *Alternaria* geführt hat. Ein weiterer signifikant hochregulierter zentraler Netzwerkknoten ist NPR1 (Nonexpresser of PR genes 1; 14 Interaktionspartner). NPR1 ist ein SA-Signalrezeptor, wobei durch Kaltdorf und Naseem (2013) berichtet wurde, dass *NPR1*-Mutanten eine erhöhte Anfälligkeit gegenüber Infektionen besitzen. Ferner haben die Untersuchungen von Choi, Huh et al. (2010) ergeben, dass ARR2 (ein B-type ARR) für eine Aktivierung der Immunabwehr nur in Gegenwart von NPR1 und SA mit TGA TFen interagiert. Die beiden signifikant hochregulierten zentralen Knoten WRKY33 (WRKY DNA-binding protein 33; 7 Interaktionspartner) und WRKY53 (WRKY DNA-binding protein 53; 6 Interaktionspartner) sind TFen aus der Gruppe WRKY, wobei gezeigt werden konnte, dass diese TFen eine wichtige Rolle in der Immunabwehr spielen (Lai, Li et al. 2011, Hu, Dong et al. 2012).

Es lässt sich zusammenfassend festhalten, dass die durchgeführten Transkriptom-Interaktom-Analysen zentrale Knoten in Verbindung mit Signalwegen für das Immunsystem identifizieren können und somit geeignet sind, wichtige Targets für die Immunabwehr zu detektieren. Auf Grundlage der Ergebnisse dieser Arbeit lässt sich hieraus letztendlich ein einfaches Modell der CK-vermittelten Immunabwehr entwickeln (Abb. 15). Das Modell beschreibt hierbei die untersuchten Methoden der CK-Modulation sowie weitere Möglichkeiten, an welchen sich künftige Arbeiten orientieren werden.

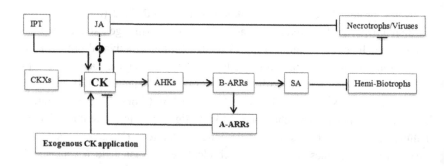

Abbildung 15: Modell der CK-vermittelten Immunabwehr.

Das Modell verdeutlicht die Möglichkeiten einer Modulation von CK zur Steigerung der pflanzlichen Resistenz gegenüber Infektionen. In Fett markierte Möglichkeiten wurden bereits in dieser Arbeit untersucht, wobei sich zusätzlich eine potentielle Verbindung zu JA (---) gezeigt hat, welche durch künftige Arbeiten weiter charakterisiert werden sollte. Ferner werden sich zukünftige Analysen mit den Möglichkeiten einer CK-Modulation via IPT und CKXs näher beschäftigen. (positiver Effekt (→), negativer Effekt (−); Eine detailliertere Beschreibung ist dem Text zu entnehmen.) (Abb. entsprechend Naseem M, Kunz M, Ahmed N and Dandekar T: Probing the unknowns in cytokinin-mediated immune defense in Arabidopsis with systems biology approaches. Bioinformatics and Biology Insights 2014, 8:35-4, Figure 1A).

Die pflanzliche Immunabwehr erfolgt über das Abwehrhormon SA. ARR2, ein B-type ARR, interagiert mit dem TGA TF und fördert so eine SA-vermittelte Resistenz gegenüber dem hemi-biotrophen Pathogen *Pst* DC3000. CK ist in der Lage, diese pflanzliche Abwehr gegenüber Infektionen zusätzlich zu fördern. CKe werden hierbei über membranständige Rezeptoren (AHKs) wahrgenommen und auf B-type ARRs übertragen (via AHPs), was so eine SA-vermittelte Resistenz gegenüber biotrophen Pathogenen unterstützt. A-type ARRs, transkriptionell aktiviert durch B-type ARRs, fungieren hierbei als negative Regulatoren von CK. Ein Ausschalten der A-type ARRs hat gezeigt, dass dies zu einer Derepression von CK führt und auf diesem Wege die SA-vermittelte Resistenz gegenüber einer Infektion mit dem Pathogen *Hpa* NoCo2 fördert. Zudem weist diese Analyse auch auf eine mögliche Verbindung zwischen CK und WRKY TFen bei der Kontrolle der Immunabwehr hin. Der positive Effekt von CK auf die pflanzliche Abwehr kann ebenfalls durch eine exogene Applikation von *trans*-Zeatin erreicht werden. Ferner hat diese Analyse zusätzlich auf eine Assoziation von CK mit dem JA-Signalweg hingewiesen. Bisherige Studien an nekrotrophen Pathogenen (Choi, Huh et al. 2010, Swartzberg, Kirshner et al. 2008) und Viren (Sano, Seo et al. 1994) konnten ebenfalls diese CK-vermittelte Resistenz aufzeigen und begründen dies mithilfe einer Interaktion der beiden Hormone CK und JA, wobei eine eindeutige Aufklärung bisher allerdings noch nicht erbracht werden konnte. Mit einer näheren Untersuchung dieses potentiellen Links werden sich künftige Arbeiten beschäftigen. Dies sollte hierbei mithilfe von Transkriptom-Interaktom-Analysen entsprechender Datensätze von Mutanten des CK- und JA-Signalweges erfolgen. Überdies ist es vorteilhaft, auf diese mögliche Verbindung mittels einer *in silico*-Simulation an einem Booleschen Modell zu untersuchen. Zwei weitere Möglichkeiten zur Veränderung des CK-Levels ergeben sich durch eine transgene Überexpression des Enzyms Isopentenyltransferase (IPT) oder der CK-Oxidase (CKXs). Diesbezügliche Arbeiten konnten zeigen, dass die IPT-Überexpression das CK-Level steigert und die pflanzliche Abwehr positiv beeinflusst (Smigocki, Neal et al. 1993, Choi, Huh et al. 2010), wohingegen eine Überexpression von CKXs eine gegensätzliche Wirkung erzielt (Naseem, Philippi et al. 2012). Diesen Tatsachen folgend, werden sich ebenfalls Transkriptom-Interaktom-Analysen mit entsprechenden Datensätzen anschließen.

Teile dieser Diskussion sind bereits in der Publikation "Probing the unknowns in cytokinin-mediated immune defense in *Arabidopsis* with systems biology approaches." (M. Naseem[§], M. Kunz[§] and T. Dandekar; § Equal contribution; Bioinformatics and Biology Insights 2014, 8:35-4) erschienen.

4.3 DrugPoint Database – eine umfassende Datenbank für die effiziente Analyse und Entwicklung von Medikamenten

In einem weiteren Teil dieser Arbeit wurde die DrugPoint Database entwickelt, welche dem Nutzer einen schnellen Überblick über ein Medikament (1.383 FDA-zugelassene Medikamente), dessen Targets (4.951) inklusive P-I und zugehörige orthologe Gruppen (4.078; gruppiert in 993 COG/KOGs mit über 21.120 orthologen Genen in 67 verschiedenen Organismen) ermöglicht. Neben dem Namen eines Pharmakons kann auch speziell nach dessen chemischen Strukturcode (SMILES-Annotation), Indikation, verursachendem Pathogen sowie seinem Target gesucht werden. Kombinierte Suchanfragen mit mehreren Begriffen in einer sowie in mehreren Kategorien sind ebenfalls möglich und erlauben so eine Reduktion der Suchergebnisse sowie Spezialisierung, z.B. nach einer bestimmten Target- oder Medikamentengruppe. Weitere Besonderheiten, z.B. automatische Wortvervollständigungen und Beispiele für jede Suchkategorie, betonen zusätzlich eine nutzerfreundliche Bedienung. Die Ergebnisseite ist hierbei klar strukturiert und unterbreitet dem Nutzer Informationen über chemische (z.B. Struktur, Lipinski's Rules of five), biologische (z.B. Target-Signalweg und COG/KOGs und pharmakologische (Indikation und Dosierung) Eigenschaften. DrugPoint Database wird hierbei über MySQL (Software phpMyAdmin) verwaltet und erlaubt ein einfaches und effektives DB-Management (leichte Bedienung, schnelles Update, schnelle Suchanfragen über PHP-Skripte). Automatisch implementierte Perl-Skripte unterstützen dies zusätzlich. Verglichen mit anderen

DBen, z.B. ChEMBL (https://www.ebi.ac.uk/chembl/), ChemSpider (http://www.chemspider.com/) oder DrugBank (Knox, Law et al. 2011), werden Ergebnisse schnell und überschaubar auf nur einer Seite dargestellt, weshalb sich DrugPoint Database durch ein einfaches und leicht zu bedienendes Web-Interface auszeichnet. Ein weiterer Vorteil resultiert aus der Kompaktheit der Informationen. Bekannte DBen legen Wert auf spezielle Informationen und Ausgiebigkeit und zeichnen sich eher durch gegenseitige Aspekte aus. ChEMBL (1,3 Millionen Verbindungen) und Cambridge-DB (http://www.ccdc.cam.ac.uk/pages/Home.aspx; über 600.000 Verbindungen) verlinken Informationen zu Verbindungen, ChemSpider (28 Millionen Strukturen) zu Strukturen und DrugBank (Knox, Law et al. 2011) zu Medikament- und Targetinformationen. DrugPoint Database hingegen beinhaltet Informationen zu Struktur und chemischen Eigenschaften der Verbindung und betrachtet letztendlich ein Pharmakon und sein Target in einem gemeinsamen Interaktionskontext. Unterstützt wird dies, indem DrugPoint Database zusätzlich verschiedene weitere DBen beherbergt und Links bietet, welche zusätzliche Optionen für weiterführende Analysen ermöglichen. Eine Option ist hierbei die Strukturanalyse mit AnDom (http://andom.bioapps.biozentrum.uni-wuerzburg.de/index_new.html). Diese DB nutzt eine Position Specific Score Matrices (PSSMs; IMPALA-Package, Schaffer, Wolf et al. 1999) zum schnellen Auffinden von Proteinstrukturen (z.B. katalytischer oder konservierter Domänen) für eine gegebene Sequenz. Eine implementierte Anbindungsfunktion in DrugPoint Database ermöglicht es, die entsprechende Sequenz des näher zu charakterisierenden Targets zu untersuchen, was z.B. eine Strukturvorhersage oder Modellierung der Medikament-Target-Interaktion ermöglicht. Eine weitere Möglichkeit ist die Anbindung an GoSynthetic (http://gosyn.bioapps.biozentrum.uni-wuerzburg.de/index.php), welche eine Vorhersage der Funktion (GO, Ashburner, Ball et al. 2000) eines Targets und dessen Interaktionspartnern oder aber Protein-Engineering-Experimente erlaubt. Anbindungen zu den DBen STRING (http://string-db.org/), HPRD (http://www.hprd.org/) und PlateletWeb (http://plateletweb.bioapps.biozentrum.uni-wuerzburg.de/plateletweb.php) ermöglichen zudem eine Betrachtung aller Target-Interaktionen (Netzwerk, bestehend aus experimentell bestimmten oder vorhergesagten P-I), was Aussagen über mögliche Nebenwirkungen eines Medikaments oder aber gewebespezifische Untersuchungen (z.B. in Blutplättchen inklusive Informationen zu Phosphorylierungen) erlaubt. Die Anbindung an KEGG (http://www.genome.jp/kegg/) liefert neben Netzwerken überdies z.b. Informationen zu biochemischen Reaktionen. Eine in DrugPoint Database implementierte Suchfunktion identifiziert alle korrespondierenden orthologen Gene für ein Target. Die sogenannten COG/KOGs repräsentieren hierbei funktionelle Gruppen gleicher Gene (entsprechend daraus resultierende Proteine) in allen Organismen. Diese zeigen alle Proteine derselben Familie in verschiedenen Organismen (z.B. Thymidylat-Synthase in Mensch und Trypanosomen), aber auch in einem Organismus (alle Proteine aus der Glucocorticoid-Rezeptor-Familie), was zusätzliche Informationen und Vorhersagen über mögliche Nebenwirkungen eines Pharmakons (z.B. welche Proteine können neben dem Target noch erreicht werden; interessant für breite Wirksamkeit eines Antibiotika; Quantitative Struktur-Wirkungs-Beziehung) oder aber Experimente in anderen Organismen möglich macht. Ferner ist die DrugPoint Database, vor allem über die COG/KOGs, auch zum Auffinden eines pharmakologischen Targets, also Proteine auf die ein Medikament wahrscheinlich wirkt, geeignet. Das Beispiel in dieser Arbeit hat für 2-bromophenol, einer Struktureinheit von Bromphenolblau, das potentielle Target Tb927.7.5480 (KOG0673 Thymidylat-Synthase) in *T. brucei* und u. A. das Medikament Pyrimethamine ergeben, dessen chemotherapeutischer Wirkmechanismus bereits als ein Angriffspunkt zur Behandlung der Afrikanischen Schlafkrankheit (http://www.who.int/mediacentre/factsheets/fs259/en/) diskutiert wurde (Luscher, de Koning et al. 2007). Ob Bromphenolblau möglicherweise ebenfalls über das gefundene Target aus der DrugPoint Database und folglich über eine Inhibierung der DNA-Synthese seine Wirkung auf *T. brucei* ausübt, sollte weiter nachgegangen werden.

Zukünftige Arbeiten an der DrugPoint Database werden sich dahingehend beschäftigen, zusätzliche nicht-FDA-zugelassene Medikamente zu integrieren und weitere Informationen über Proteinkomplexe und konservierte Bereiche eines Pharmakons bereitzustellen. Dies kann z.B. aufzeigen, welcher Bereich für eine bestimmte Medikamentenklasse unbedingt vorhanden sein muss und welcher flexibel gestaltet werden kann, was so ein leichteres Medikamentendesign erlaubt.

Teile der hier beschriebenen DrugPoint Datenbank sind im Anschluss in der Publikation "The drug-minded protein interaction database (DrumPID) for efficient target analysis and drug development." (M. Kunz[§], C. Liang[§], S. Nilla, A. Cecil and T. Dandekar; § Equal contribution; Database (Oxford) 2016, pii: baw041) erschienen.

5 Literaturverzeichnis

The R Development Core Team. Vienna, Austria, 2010. R Foundation for Statistical Computing, ISBN 3-900051-07-0). R: A Language and Environment for Statistical Computing.

Argueso, C. T., F. J. Ferreira, P. Epple, J. P. To, C. E. Hutchison, G. E. Schaller, J. L. Dangl and J. J. Kieber (2012). "Two-component elements mediate interactions between cytokinin and salicylic acid in plant immunity." PLoS Genet 8(1): e1002448.

Argueso, C. T., T. Raines and J. J. Kieber (2010). "Cytokinin signaling and transcriptional networks." Curr Opin Plant Biol 13(5): 533-539.

Ashburner, M., C. A. Ball, J. A. Blake, D. Botstein, H. Butler, J. M. Cherry, A. P. Davis, K. Dolinski, S. S. Dwight, J. T. Eppig, M. A. Harris, D. P. Hill, L. Issel-Tarver, A. Kasarskis, S. Lewis, J. C. Matese, J. E. Richardson, M. Ringwald, G. M. Rubin and G. Sherlock (2000). "Gene ontology: tool for the unification of biology. The Gene Ontology Consortium." Nat Genet 25(1): 25-29.

Barlier, I., M. Kowalczyk, A. Marchant, K. Ljung, R. Bhalerao, M. Bennett, G. Sandberg and C. Bellini (2000). "The SUR2 gene of Arabidopsis thaliana encodes the cytochrome P450 CYP83B1, a modulator of auxin homeostasis." Proc Natl Acad Sci U S A 97(26): 14819-14824.

Bednarek, P., M. Pislewska-Bednarek, A. Svatos, B. Schneider, J. Doubsky, M. Mansurova, M. Humphry, C. Consonni, R. Panstruga, A. Sanchez-Vallet, A. Molina and P. Schulze-Lefert (2009). "A glucosinolate metabolism pathway in living plant cells mediates broad-spectrum antifungal defense." Science 323(5910): 101-106.

Boller, T. and S. Y. He (2009). "Innate immunity in plants: an arms race between pattern recognition receptors in plants and effectors in microbial pathogens." Science 324(5928): 742-744.

Cerrudo, I., M. M. Keller, M. D. Cargnel, P. V. Demkura, M. de Wit, M. S. Patitucci, R. Pierik, C. M. Pieterse and C. L. Ballare (2012). "Low red/far-red ratios reduce Arabidopsis resistance to Botrytis cinerea and jasmonate responses via a COI1-JAZ10-dependent, salicylic acid-independent mechanism." Plant Physiol 158(4): 2042-2052.

Choi, J., D. Choi, S. Lee, C. M. Ryu and I. Hwang (2011). "Cytokinins and plant immunity: old foes or new friends?" Trends Plant Sci 16(7): 388-394.

Choi, J., S. U. Huh, M. Kojima, H. Sakakibara, K. H. Paek and I. Hwang (2010). "The cytokinin-activated transcription factor ARR2 promotes plant immunity via TGA3/NPR1-dependent salicylic acid signaling in Arabidopsis." Dev Cell 19(2): 284-295.

Clay, N. K., A. M. Adio, C. Denoux, G. Jander and F. M. Ausubel (2009). "Glucosinolate metabolites required for an Arabidopsis innate immune response." Science 323(5910): 95-101.

Cortleven, A. and R. Valcke (2012). "Evaluation of the photosynthetic activity in transgenic tobacco plants with altered endogenous cytokinin content: lessons from cytokinin." Physiol Plant **144**(4): 394-408.

Devoto, A., C. Ellis, A. Magusin, H. S. Chang, C. Chilcott, T. Zhu and J. G. Turner (2005). "Expression profiling reveals COI1 to be a key regulator of genes involved in wound- and methyl jasmonate-induced secondary metabolism, defence, and hormone interactions." Plant Mol Biol **58**(4): 497-513.

Di Cara, A., A. Garg, G. De Micheli, I. Xenarios and L. Mendoza (2007). "Dynamic simulation of regulatory networks using SQUAD." BMC Bioinformatics **8**: 462.

Doncheva, N. T., Y. Assenov, F. S. Domingues and M. Albrecht (2012). "Topological analysis and interactive visualization of biological networks and protein structures." Nat. Protocols **7**(4): 670-685.

Erb, M., S. Meldau and G. A. Howe (2012). "Role of phytohormones in insect-specific plant reactions." Trends Plant Sci **17**(5): 250-259.

FAO. (http://www.fao.org/publications/sofi/en/). "The State of Food Insecurity in the world (2012).".

Garg, A., I. Xenarios, L. Mendoza and G. DeMicheli (2007). An Efficient Method for Dynamic Analysis of Gene Regulatory Networks and in silico Gene Perturbation Experiments. Research in Computational Molecular Biology. T. Speed and H. Huang, Springer Berlin Heidelberg. **4453**: 62-76.

Gohre, V. and S. Robatzek (2008). "Breaking the barriers: microbial effector molecules subvert plant immunity." Annu Rev Phytopathol **46**: 189-215.

Gomez-Gomez, L. and T. Boller (2002). "Flagellin perception: a paradigm for innate immunity." Trends Plant Sci **7**(6): 251-256.

Grant, M. R. and J. D. Jones (2009). "Hormone (dis)harmony moulds plant health and disease." Science **324**(5928): 750-752.

Grosskinsky, D. K., M. Naseem, U. R. Abdelmohsen, N. Plickert, T. Engelke, T. Griebel, J. Zeier, O. Novak, M. Strnad, H. Pfeifhofer, E. van der Graaff, U. Simon and T. Roitsch (2011). "Cytokinins mediate resistance against Pseudomonas syringae in tobacco through increased antimicrobial phytoalexin synthesis independent of salicylic acid signaling." Plant Physiol **157**(2): 815-830.

Ha, S., R. Vankova, K. Yamaguchi-Shinozaki, K. Shinozaki and L. S. Tran (2012). "Cytokinins: metabolism and function in plant adaptation to environmental stresses." Trends Plant Sci **17**(3): 172-179.

Hansen, J., M. Sato and R. Ruedy (2012). "Perception of climate change." Proc Natl Acad Sci U S A **109**(37): E2415-2423.

Helikar T, K. N., Konvalina J and Rogers JA (2011). "Boolean Modeling of Biochemical Networks." The Open Bioinformatics Journal **5**: 16-25.

Hu, Y., Q. Dong and D. Yu (2012). "Arabidopsis WRKY46 coordinates with WRKY70 and WRKY53 in basal resistance against pathogen Pseudomonas syringae." Plant Sci **185-186**: 288-297.

Hwang, I., J. Sheen and B. Muller (2012). "Cytokinin signaling networks." Annu Rev Plant Biol 63: 353-380.

Jiang, C. J., M. Shimono, S. Sugano, M. Kojima, X. Liu, H. Inoue, H. Sakakibara and H. Takatsuji (2013). "Cytokinins act synergistically with salicylic acid to activate defense gene expression in rice." Mol Plant Microbe Interact 26(3): 287-296.

Jones, J. D. and J. L. Dangl (2006). "The plant immune system." Nature 444(7117): 323-329.

K. Kumar Marmath, P. G., G. Taj, D. Pandey and A. Kumar (April 2013). "Effect of Zeatin on the infection process and expression of MAPK-4 during pathogenesis of Alternaria brassicae in non-host and host Brassica plants." African Journal of Biotechnology 12(17): 2164-2174.

Kaltdorf, M. and M. Naseem (2013). "How many salicylic acid receptors does a plant cell need?" Sci Signal 6(279): jc3.

Kazan, K. and J. M. Manners (2009). "Linking development to defense: auxin in plant-pathogen interactions." Trends Plant Sci 14(7): 373-382.

Knox, C., V. Law, T. Jewison, P. Liu, S. Ly, A. Frolkis, A. Pon, K. Banco, C. Mak, V. Neveu, Y. Djoumbou, R. Eisner, A. C. Guo and D. S. Wishart (2011). "DrugBank 3.0: a comprehensive resource for 'omics' research on drugs." Nucleic Acids Res 39(Database issue): D1035-1041.

Lai, Z., Y. Li, F. Wang, Y. Cheng, B. Fan, J. Q. Yu and Z. Chen (2011). "Arabidopsis sigma factor binding proteins are activators of the WRKY33 transcription factor in plant defense." Plant Cell 23(10): 3824-3841.

Lam, E., N. Kato and M. Lawton (2001). "Programmed cell death, mitochondria and the plant hypersensitive response." Nature 411(6839): 848-853.

Liang, C., A. Schmid, M. J. Lopez-Sanchez, A. Moya, R. Gross, J. Bernhardt and T. Dandekar (2009). "JANE: efficient mapping of prokaryotic ESTs and variable length sequence reads on related template genomes." BMC Bioinformatics 10: 391.

Luscher, A., H. P. de Koning and P. Maser (2007). "Chemotherapeutic strategies against Trypanosoma brucei: drug targets vs. drug targeting." Curr Pharm Des 13(6): 555-567.

Maere, S., K. Heymans and M. Kuiper (2005). "BiNGO: a Cytoscape plugin to assess overrepresentation of gene ontology categories in biological networks." Bioinformatics 21(16): 3448-3449.

Maiwald, D., A. Dietzmann, P. Jahns, P. Pesaresi, P. Joliot, A. Joliot, J. Z. Levin, F. Salamini and D. Leister (2003). "Knock-out of the genes coding for the Rieske protein and the ATP-synthase delta-subunit of Arabidopsis. Effects on photosynthesis, thylakoid protein composition, and nuclear chloroplast gene expression." Plant Physiol 133(1): 191-202.

Mukhtar, M. S., A. R. Carvunis, M. Dreze, P. Epple, J. Steinbrenner, J. Moore, M. Tasan, M. Galli, T. Hao, M. T. Nishimura, S. J. Pevzner, S. E. Donovan, L. Ghamsari, B. Santhanam, V. Romero, M. M. Poulin, F. Gebreab, B. J. Gutierrez, S. Tam, D. Monachello, M. Boxem, C. J. Harbort, N. McDonald, L. Gai, H. Chen, Y. He, C.

European Union Effectoromics, J. Vandenhaute, F. P. Roth, D. E. Hill, J. R. Ecker, M. Vidal, J. Beynon, P. Braun and J. L. Dangl (2011). "Independently evolved virulence effectors converge onto hubs in a plant immune system network." Science 333(6042): 596-601.

Naseem, M. and T. Dandekar (2012). "The role of auxin-cytokinin antagonism in plant-pathogen interactions." PLoS Pathog 8(11): e1003026.

Naseem, M., M. Kunz, N. Ahmed and T. Dandekar (2013). "Integration of boolean models on hormonal interactions and prospects of cytokinin-auxin crosstalk in plant immunity." Plant Signal Behav 8(4).

Naseem, M., N. Philippi, A. Hussain, G. Wangorsch, N. Ahmed and T. Dandekar (2012). "Integrated systems view on networking by hormones in Arabidopsis immunity reveals multiple crosstalk for cytokinin." Plant Cell 24(5): 1793-1814.

Navarro, L., R. Bari, P. Achard, P. Lison, A. Nemri, N. P. Harberd and J. D. Jones (2008). "DELLAs control plant immune responses by modulating the balance of jasmonic acid and salicylic acid signaling." Curr Biol 18(9): 650-655.

Navarro, L., P. Dunoyer, F. Jay, B. Arnold, N. Dharmasiri, M. Estelle, O. Voinnet and J. D. Jones (2006). "A plant miRNA contributes to antibacterial resistance by repressing auxin signaling." Science 312(5772): 436-439.

Pertry, I., K. Vaclavikova, S. Depuydt, P. Galuszka, L. Spichal, W. Temmerman, E. Stes, T. Schmulling, T. Kakimoto, M. C. Van Montagu, M. Strnad, M. Holsters, P. Tarkowski and D. Vereecke (2009). "Identification of Rhodococcus fascians cytokinins and their modus operandi to reshape the plant." Proc Natl Acad Sci U S A 106(3): 929-934.

Pieterse, C. M., D. Van der Does, C. Zamioudis, A. Leon-Reyes and S. C. Van Wees (2012). "Hormonal modulation of plant immunity." Annu Rev Cell Dev Biol 28: 489-521.

Robert-Seilaniantz, A., M. Grant and J. D. Jones (2011). "Hormone crosstalk in plant disease and defense: more than just jasmonate-salicylate antagonism." Annu Rev Phytopathol 49: 317-343.

Robert-Seilaniantz, A., D. MacLean, Y. Jikumaru, L. Hill, S. Yamaguchi, Y. Kamiya and J. D. Jones (2011). "The microRNA miR393 re-directs secondary metabolite biosynthesis away from camalexin and towards glucosinolates." Plant J 67(2): 218-231.

Sano, H., S. Seo, E. Orudgev, S. Youssefian and K. Ishizuka (1994). "Expression of the gene for a small GTP binding protein in transgenic tobacco elevates endogenous cytokinin levels, abnormally induces salicylic acid in response to wounding, and increases resistance to tobacco mosaic virus infection." Proc Natl Acad Sci U S A 91(22): 10556-10560.

Santamaria, M., C. J. Thomson, N. D. Read and G. J. Loake (2001). "The promoter of a basic PR1-like gene, AtPRB1, from Arabidopsis establishes an organ-specific expression pattern and responsiveness to ethylene and methyl jasmonate." Plant Mol Biol 47(5): 641-652.

Schaffer, A. A., Y. I. Wolf, C. P. Ponting, E. V. Koonin, L. Aravind and S. F. Altschul (1999). "IMPALA: matching a protein sequence against a collection of PSI-BLAST-constructed position-specific score matrices." Bioinformatics 15(12): 1000-1011.

Schneider, D. J. and A. Collmer (2010). "Studying plant-pathogen interactions in the genomics era: beyond molecular Koch's postulates to systems biology." Annu Rev Phytopathol 48: 457-479.

Smigocki, A., J. W. Neal, Jr., I. McCanna and L. Douglass (1993). "Cytokinin-mediated insect resistance in Nicotiana plants transformed with the ipt gene." Plant Mol Biol 23(2): 325-335.

Smirnoff, N. and M. Grant (2008). "Plant biology: do DELLAs do defence?" Curr Biol 18(14): R617-619.

Spíchal, L. (2012). "Cytokinins – recent news and views of evolutionally old molecules." Functional Plant Biology 39(4): 267-284.

Swartzberg, D., B. Kirshner, D. Rav-David, Y. Elad and D. Granot (2008). "Botrytis cinerea induces senescence and is inhibited by autoregulated expression of the IPT gene." European Journal of Plant Pathology 120(3): 289-297.

Tatusov, R. L., N. D. Fedorova, J. D. Jackson, A. R. Jacobs, B. Kiryutin, E. V. Koonin, D. M. Krylov, R. Mazumder, S. L. Mekhedov, A. N. Nikolskaya, B. S. Rao, S. Smirnov, A. V. Sverdlov, S. Vasudevan, Y. I. Wolf, J. J. Yin and D. A. Natale (2003). "The COG database: an updated version includes eukaryotes." BMC Bioinformatics 4: 41.

Thilmony, R., W. Underwood and S. Y. He (2006). "Genome-wide transcriptional analysis of the Arabidopsis thaliana interaction with the plant pathogen Pseudomonas syringae pv. tomato DC3000 and the human pathogen Escherichia coli O157:H7." Plant J 46(1): 34-53.

Umate, P. (2011). "Genome-wide analysis of lipoxygenase gene family in Arabidopsis and rice." Plant Signal Behav 6(3): 335-338.

Verhage, A., S. C. van Wees and C. M. Pieterse (2010). "Plant immunity: it's the hormones talking, but what do they say?" Plant Physiol 154(2): 536-540.

Walters, D. R. and N. McRoberts (2006). "Plants and biotrophs: a pivotal role for cytokinins?" Trends Plant Sci 11(12): 581-586.

Wang, D., K. Pajerowska-Mukhtar, A. H. Culler and X. Dong (2007). "Salicylic acid inhibits pathogen growth in plants through repression of the auxin signaling pathway." Curr Biol 17(20): 1784-1790.

Wang, W., J. Y. Barnaby, Y. Tada, H. Li, M. Tor, D. Caldelari, D. U. Lee, X. D. Fu and X. Dong (2011). "Timing of plant immune responses by a central circadian regulator." Nature 470(7332): 110-114.

Xiao, S., L. Dai, F. Liu, Z. Wang, W. Peng and D. Xie (2004). "COS1: an Arabidopsis coronatine insensitive1 suppressor essential for regulation of jasmonate-mediated plant defense and senescence." Plant Cell 16(5): 1132-1142.

Zhou, N., T. L. Tootle and J. Glazebrook (1999). "Arabidopsis PAD3, a gene required for camalexin biosynthesis, encodes a putative cytochrome P450 monooxygenase." Plant Cell **11**(12): 2419-2428.

Zipfel, C. and S. Robatzek (2010). "Pathogen-associated molecular pattern-triggered immunity: veni, vidi...?" Plant Physiol **154**(2): 551-554.

Printed in the United States
By Bookmasters